信息几何导引

An Elementary Introduction to Information Geometry

孙华飞　张真宁　彭林玉　段晓敏　著

科 学 出 版 社

北 京

内 容 简 介

本书简要介绍经典信息几何与矩阵信息几何的基本内容及其应用. 全书共八章：第 1 章概述信息的发展历史；第 2 章简要介绍作为信息几何理论基础的微分几何的基本内容，没有涉及太多复杂的定义；第 3 章介绍经典信息的基本内容；第 4 章介绍矩阵信息几何，着重介绍相关的李群、李代数以及一般线性群的重要子群和子流形的性质，而且介绍各种流形上的自然梯度算法；第 5~7 章介绍经典信息几何的应用；第 8 章介绍矩阵信息几何的应用.

本书可供从事数学、信息科学研究的研究生以及教师参考使用.

图书在版编目(CIP)数据

信息几何导引/孙华飞等著. —北京：科学出版社, 2016. 3

ISBN 978-7-03-047435-3

Ⅰ. ①信…　Ⅱ. ①孙…　Ⅲ. ①微分几何　Ⅳ. ①O186.1

中国版本图书馆 CIP 数据核字(2016) 第 046244 号

责任编辑：李　欣 / 责任校对：钟　洋

责任印制：吴兆东 / 封面设计：陈　敬

科学出版社 出版

北京东黄城根北街 16 号

邮政编码：100717

http://www.sciencep.com

北京虎彩文化传播有限公司印刷

科学出版社发行　各地新华书店经销

*

2016 年 3 月第　一　版　开本: 720 × 1000 1/16

2024 年 4 月第八次印刷　印张: 10

字数: 194 000

定价: 58.00 元

(如有印装质量问题, 我社负责调换)

前　言

近年来, 信息几何在统计推断、神经网络、随机分布控制、信息理论、密码学、物理学和医学成像等领域得到广泛应用, 引起越来越多人的关注. 经典信息几何在处理随机的非线性问题时已经获得了很大的成功, 成为解决信息领域中各种问题的重要工具之一. 最近, 矩阵信息几何的诞生极大地丰富了信息几何的内容, 其中李群理论发挥了重要的作用. 信息几何的理论基础是现代的微分几何理论, 涉及诸多深刻的数学分支. 我们撰写本书的宗旨是希望有更多人来关注信息几何, 希望利用它来有效地解决信息领域的问题, 诸如信号处理、图像处理、系统的稳定性与最优控制、流形上的优化等问题. 同时, 我们也期待人们能够将纤维丛、代数拓扑等深刻的数学理论引入到信息几何研究中来, 给信息几何的发展带来新的方法, 为信息几何的应用提供强有力的工具. 本书分以下几个部分: 首先概述信息几何的内容, 然后介绍微分几何的基本内容, 接下来介绍经典信息几何和矩阵信息几何的内容, 最后介绍信息几何理论的一些应用.

本书并不追求严格的数学定义, 也没有概括信息几何的全貌, 有兴趣的读者可以阅读各章所附的参考文献. 建议侧重于应用研究的读者可以不必拘泥于一些抽象的数学概念, 可以直接使用已有的理论来解决实际问题, 而侧重于理论研究的读者可以仔细阅读参考文献的内容, 力求在理论研究方面有所创新. 本书的主要内容来源于作者在北京理工大学授课的讲义, 包含北京理工大学信息几何研究组的部分研究成果.

本书的出版获得北京理工大学数学与统计学院的资助. 作者感谢国家自然科学基金委员会的大力资助 (资助号: 61179031, 10871218, 61401058, 10932002).

由于作者水平所限, 书中不当之处在所难免, 恳请读者批评指正.

作　者

2015 年 10 月

目　录

第 1 章　信息几何概述

信息几何是利用微分几何的方法来研究信息领域中的问题的学问. 几何方法在处理非线性问题时往往发挥重要的作用, 例如, 利用微分几何建立广义相对论, 以及利用微分几何把仿射非线性系统精确线性化等都是很好的例子. 对于非线性问题, 如果一味地线性化有时达不到所需的精度, 所以可以考虑利用几何的方法来解决.

人们要研究的目标本身可能是非线性的, 但是作为微分流形, 其每一点的切空间都是线性的, 可以像在欧氏空间那样在切空间上定义内积, 从而获得需要的度量. 在经典信息几何理论中, Rao 把概率密度函数全体看成统计流形, 并用 Fisher 信息阵来定义流形上的黎曼度量, 从而构建了黎曼流形. Amari 计算了正态分布流形在黎曼联络下的黎曼曲率, 惊奇地发现它是带有负常曲率的双曲空间. 既然概率分布全体是弯曲的流形, 人们就设法研究各种概率分布的几何性质, 并希望利用这些几何性质来研究各种随机问题.

流形的几何性质取决于所选取的几何度量及其联络 (求导数的方式). 保持无挠性和相容性的黎曼联络在微分几何理论中是最理想的联络, 但是在经典信息几何中却“好得过火”, 不太容易派上用场. 于是人们设法定义新的联络来代替黎曼联络, 获得“没那么好, 但很有用”的联络. Chentsov 引入了一族仿射联络, Efron 给出了统计流形上的曲率. Amari 引入了对偶联络的概念, 这个概念是经典微分几何中所不具有的新内容. 利用这个对偶联络, 学者们已经获得了很多新成果. 这种对偶联络本身既没有无挠性, 与黎曼度量之间也没有相容性, 对信息几何的研究没有直接的贡献, 而 Amari 由此提出的 α-联络却是神来之笔, 因为 α-联络与 $-\alpha$-联络是对偶联络, 它们保证了 α-联络的无挠性, 这对问题的研究带来了极大的方便. 众所周知, 爱因斯坦的广义相对论的能量-动量方程就基于无挠性的假设. 那么, 引入了无挠的 α-联络究竟有什么好处呢? 指数分布族和混合分布族是两大重要的分布族, 它们包含了许多已知的重要的概率分布. 利用 α-联络可以计算指数分布族的几何量, 计算结果表明: 指数分布族的几何量由实数 α 和势函数完全确定, 特别地, 当 $\alpha = \pm 1$ 时, 指数分布族流形的曲率和挠率都为零, 也就是说该流形为既不扭曲, 也不弯曲的平坦的流形, 但却不是欧氏空间, 因为此时联络与度量之间没有相容性.

在 ± 1-平坦的流形上, 可以找到对偶势函数, 于是就可以引入散度作为距离函数, 来测量流形上两点之间的差异. 在信息几何中, Kullback-Leibler 散度经常被用来测量统计流形上两点的差异. 虽然该散度只满足距离函数的非负性, 不满足对称性和三角不等式, 但该散度在研究具有统计特性的信息问题时却非常好用.

在实际问题中经常需要求目标函数的极值. 在欧氏空间中求目标函数的最小值通常采用最速下降法, 而在弯曲的黎曼流形中最速下降方向是由自然梯度给出的. 要得到自然梯度需借助于所研究的黎曼流形的几何结构, 并可将自然梯度视为欧氏空间中的最速下降方向在黎曼流形中的推广.

上述的这些理论被成功地应用于统计推断、神经网络、信号处理、纠错码、量子理论、控制理论等领域. 因此, 利用这些理论解决信息领域中的问题时, 首先需要把所研究的问题构建成微分流形, 定义适当的黎曼度量, 选择适当的距离函数, 给出合适的算法. 迄今为止, 除了 $\alpha = 0$ 对应着黎曼联络外, 仅仅当 $\alpha = \pm 1$ 时获得了广泛的应用. 另外, 既然完备、单连通及带有常曲率的流形等距于欧氏空间、球面或者双曲空间其中之一, 而且 Amari 已经得到一元正态分布流形等距于双曲空间, 我们希望分类统计流形, 看看有多少统计流形是带有常曲率的. 但这个问题至今没有解决, 即便是对于比较特殊的指数分布族也没有得到完整的分类.

信息几何发展的时间较短, 它的理论和应用研究在许多方面仍然处于起步阶段. 毫无疑问, 几何上的许多重要成果在信息几何理论中都应该有对应的结果, 其应用的范围还远远不够广泛. 迄今为止, 人们在研究信息几何的过程中主要使用测地线、测地距离等概念, 而几何的其他核心概念, 比如曲率, 却仅仅用于研究 Jacobi 场的稳定性等, 在许多实际问题的研究中曲率并没有派上用场. 例如, 当人们利用几何研究系统的稳定性时, 最希望得到的结论是: 当系统所构成的流形的曲率满足某种条件时系统就是稳定的. 但遗憾的是, 至今人们仍得不到这种理想的结论, 期望有人能够做到这一点. 另外, 利用建立在纤维丛上的和乐群理论, 我们已经获得了对指数分布族的一种分类, 特别是给多元正态分布族一个完全的分类, 对于其他的统计流形还没有结果. 我们希望微分几何中深刻而优美的理论都能够在信息几何的研究中发挥作用.

我们称上述内容为经典信息几何的范畴. 最近 Barbaresco, Nielsen, Pennec 等提出了矩阵信息几何的概念, 主要用来研究雷达信号处理、流形学习、系统的稳定性与最优化、图像处理等问题. 特别是一般线性群的子群, 如正交群、酉群、特殊辛群、特殊欧几里得群, 以及一般线性群的子流形, 如正定矩阵流形、Stiefel 流形以及 Grassman 流形等在信息领域中都有重要的应用. 其中, 左不变 (或右不变) 度量作为黎曼度量被采用, 测地距离被用于定义距离函数, 更重要的是测地线能够通过流形上的指数映射和对数映射有一个显式的表达, 这在应用上很方便.

对于紧李群, 比如正交群 $SO(n)$、酉群 $U(n)$ 以及特殊辛群 $Sp(n)$, 它们上面任意两点都可以用测地线来连接, 利用测地线的测地距离可以测量其上两点间的距离. 紧李群上存在双不变的黎曼度量, 这使得紧李群的截面曲率是非负的.

由 n 阶正定矩阵全体构成的正定矩阵流形 $SPD(n)$, 其切空间为 n 阶对称矩阵全体 $Sym(n)$. 首先在其上可以定义 Frobenius 内积, 但是此内积在实际应用中有时会有一定的局限性. 同时, 定义仿射不变度量, 可以使 $SPD(n)$ 构成完备的 Hadamard 空间, 其上面的指数映射和对数映射是可逆的映射. $SPD(n)$ 上任意两点可以用测地线连接, 由该测地线可以获得由特征值表示的测地距离. 在研究线性系统稳定性和最优控制等问题时, 经常需要在 $SPD(n)$ 上求解 Lyapunov 方程或代数 Riccati 方程, 利用测地距离和自然梯度我们给出了求方程数值解的自然梯度算法. 另一方面, 为了使计算变得简单, 可以在 $SPD(n)$ 上定义对数欧氏度量, 通过引入矩阵乘法运算使得 $SPD(n)$ 具有群的结构, 在 $SPD(n)$ 和它的切空间之间可以建立等距关系, 使得 $SPD(n)$ 是平坦的空间, 此时测地线也变得简单. 对于几何平均问题, 在一般的流形上较难获得唯一解. 但是由于 $SPD(n)$ 在引入仿射黎曼度量后是 Hadamard 空间, 在其上求几何平均可以获得唯一解.

利用矩阵信息几何, 有时可将所研究的问题转化为矩阵群或矩阵流形上的优化问题. 具体地, 可以用自然梯度给出解决方案, 其好处就是自然梯度中已不再需要求度量矩阵的逆矩阵了. 特别值得一提的是, Fiori 提出了广义 Hamilton 算法, 在自然梯度算法的基础上加了动量项, 使得在求黎曼流形特别是在 $SPD(n)$, Stiefel 流形以及 Grassman 流形上的优化问题时避免了局部最小的现象, 并且利用技巧在计算关键的测地线时免去了计算黎曼度量的烦琐过程, 使得计算变得简单.

最近, Ollivier 等开展了对离散空间的曲率的研究, 类似于在微分流形上的定义, 给出了网络的曲率的定义, 为信息几何的研究开创了全新的领域.

许多深刻的数学理论可以在信息几何理论研究中充分发挥作用. 纤维丛是微分几何的重要内容, 其在数学、物理以及其他学科中发挥着重要的作用, 几何学大师陈省身正是利用纤维丛给出了 Gauss-Bonnet 定理的内蕴证明方法, 这一创新引发了诺贝尔物理学奖得主杨振宁和物理学家 Mills 的杨–米尔斯规范场理论的微分几何版的诞生. 纤维丛的概念比较抽象和复杂, 涉及诸多数学领域的内容, 掌握起来比较困难, 但是它具有一般微分流形所不具有的“居高临下”的优势, 即带有附加的李群结构等, 正是这些附加的群与拓扑兼备的李群结构使得纤维丛的功能变得异常强大. 纤维丛的引入会给信息几何的发展带来新的活力, 可以进一步拓宽其应用的范围. 例如, 可以利用建立在切丛上的和乐群对统计流形进行分类; 可以在丛空间上计算统计流形的曲率等几何量, 从本质上克服了在底空间上计算的复杂性. 这些都受益于作用在丛空间上的李群结构的优良性质.

另外, 我们的研究也可以在无穷维空间上进行. 利用算子的分解建立主纤维丛结构, 其中的结构群是酉算子或正交算子等. 可以给出相应的纤维丛的切空间的分解, 其中的水平子空间与底空间的切空间同构, 竖直子空间与结构群的李代数同构. 同时利用复 Hilbert 空间上的内积可以给出类似于有限维空间上的 Finsler 度量和测地距离等表达式.

随着信息领域各种实际应用的需求, 与之相适应的信息几何理论也会不断产生, 从而数学各学科的内容将更有用武之地. 信息几何是一个综合数学各分支以及信息学科知识的学问, 研究者如果掌握了数学中的几何、代数、方程、拓扑、分析、计算、概率统计等内容, 又通晓信息学科的内容诸如信息论、信号处理、神经网络、图像处理、控制理论等知识, 对从事信息几何的研究将很有益处.

参 考 文 献

[1] Amari S. Differential-Geometrical Methods in Statistics, Lecture Notes in Statistics. Berlin: Springer-Verlag, 1985.

[2] Amari S, Nagaoka H. Methods of Information Geometry, TMM 191. Oxford: Oxford University Press, 2000.

[3] Amari S. Information geometry of the EM and em algorithm for neural networks. Neural Networks, 1995, 8: 1379–1408.

[4] Amari S. Differential geometry of a parametric family of invertible linear systems–Riemannian metric, dual affine connections, and divergence. Math. Systems Theory, 1987, 20: 53–82.

[5] Amari S. Differential geometry of curved exponential families-curvatures and information loss. Ann. Statist., 1982, 10: 357–385.

[6] Amari S. Fisher information under restriction of Shannon information. Ann. Inst. Statist. Math., 1989, 41: 623–648.

[7] Amari S. Information geometry on hierarchy of probability distributions. IEEE Trans. Inf. Theory, 2001, 47: 1701–1711.

[8] Amari S. Natural gradient works efficiently in learning. Neural Comput., 1998, 10: 251–276.

[9] Amari S. Superefficiency in blind source separation. IEEE Trans. Signal Process, 1999, 47: 936–944.

[10] Amari S, Cardoso J. Blind source separation-semiparametric statistical approach. IEEE Trans. Signal Process., 1997, 45: 2692–2700.

[11] Amari S, Cichocki A. Information geometry of divergence functions. Bull. Pol. Acad. Sci., Tech. Sci., 2010, 58: 183–195.

[12] Amari S, Douglas S C. Why natural gradient. Proceedings of the 1998 IEEE International Conference on Acoustics, Speech and Signal Processing, 1998, 2: 1213–1216.

[13] Amari S, Kawanabe M. Information geometry of estimating functions in semiparametric statistical models. Bernoulli, 1997, 3: 29–54.

[14] Amari S, Kurata K, Nagaoka H. Information geometry of Boltzmann machines. IEEE Trans. Neural Netw., 1992, 3: 260–271.

[15] Amari S, Park H, Fukumizu K. Adaptive method of realizing natural gradient learning for multilayer perceptrons. Neural Comput., 2000, 12: 1399–1409.

[16] Amari S. Natural gradient works effeciently in learning. Neural Comput., 1998, 10: 251–276.

[17] Arsigny V, Fillard P, Pennec X, et al. Geometric means in a novel vector space structure on symmetric positive-definite matrices. SIAM J. Matrix Anal. Appl., 2007, 29: 328–347.

[18] Arwini K, Dodson C T J. Neighbourhoods of randomness and geometry of McKay bivariate gamma 3-manifold. Sankhya: The Indian Journal of Statistics, 2004, 66: 213–233.

[19] Arwini K, Dodson C T J. Information Geometry: Near Randomness and Near Independence. Berlin Heidelberg: Springer-Verlag, 2008.

[20] Barbaresco F. Interactions between symmetric cones and information geometrics: Bruhat-Tits and Siegel spaces models for high resolution autoregressive Doppler imagery. ETCV08 Conference, Ecole Polytechnique, Nov. 2008, published by Springer in Lecture Notes in Computer Science, 2009, 5416: 124–163.

[21] Barbaresco F, Roussigny H. Innovative tools for Radar signal processing based on Cartan's geometry of SPD matrices and information geometry. IEEE International Radar Conference, 2008.

[22] Bregman L M. The relaxation method of finding the common point of convex sets and its application to the solution of problems in convex programming. USSR Comp. Math. & Math. Phys., 1967, 7: 200–217.

[23] Cafaro C, Ali S A. Jacobi fields on statistical manifolds of negative curvature. Physica D, 2007, 234: 70–80.

[24] Censor Y, Iusem A N, Zenios S A. An interior point method with Bregman functions for the variational inequality problem with paramonotone operators. Math. Program., 1998, 81: 373–400.

[25] Cheng Y, Wang X, Caelli T, et al. Tracking and localizing moving targets in the presence of phase measurement ambiguities. IEEE Trans. Signal Process., 2011, 59: 3514–3525.

[26] Cheng Y, Wang X, Morelande M, et al. Information geometry of target tracking sensor networks. Inform. Fusion, 2013, 14: 311–326.

[27] Efron B. Defining the curvature of a statistical problem. Ann. Stat., 1975, 3: 1189–1242.

[28] Efron B. The geometry of exponential families. Ann. Stat., 1978, 6: 362–376.

[29] Fiori S. A theory for learning by weight flow on Stiefel-Grassman manifold. Neural

Comput., 2001, 13: 1625–1647.

[30] Fiori S, Tanaka T. An algorithm to compute averages on matrix Lie groups. IEEE Trans. Signal Process., 2009, 57: 4734–4743.

[31] Fiori S. Extended Hamiltonian learning on Riemannian manifolds: theoretical aspects. IEEE Trans. Neural Netw., 2011, 22: 687–700.

[32] Fiori S. Extended Hamiltonian learning on Riemannian manifolds: numerical aspects. IEEE Trans. Neural Netw. Learn. Syst., 2012, 23: 7–21.

[33] Fletcher P, Joshi S. Riemannian geometry for the statistical analysis of diffusion tensor data. Signal Process., 2007, 87: 250–262.

[34] Jeffreys H. Theory of Probability. 3rd ed. Oxford: Clarendon Press, 1961.

[35] Karcher H. Riemannian center of mass and mollifier smoothing. Comm. Pure Appl. Math., 1977, 30: 509–541.

[36] Moakher M. A differential geometric approach to the geometric mean of symmetric positive-definite matrices. SIAM J. Matrix Anal. Appl., 2005, 26: 735–747.

[37] Moakher M. On the averaging of symmetric positive-definite tensors. J. Elasticity, 2006, 82: 273–296.

[38] Nielsen F, Bhatia R. Matrix Information Geometry. Berlin: Springer, 2013.

[39] Ohara A, Amari S. Differential geometric structures of stable state feedback systems with dual connections. Kybernetika, 1994, 30: 369–386.

[40] Ollivier Y. Ricci curvature of Markov chains on metric spaces. J. Funct. Anal., 2009, 256: 810–864.

[41] Qi M, Li B, Sun H. Image watermarking using polar harmonic transform with parameters in $SL(2,R)$. Signal Process-Image, 2015, 31: 161–173.

[42] Qi M, Li B, Sun H. Image watermarking via fractional polar harmonic transforms. J. Electron. Imaging, 2015, 24: 013004.

[43] Rao C R. Information and accuracy attainable in the estimation of statistical parameters. Bull. Calcutta. Math. Soc., 1945, 37: 81–91.

[44] Sandhu R, Georgiou T, Reznik E, et al. Graph curvature for differentiating cancer networks. Sci. Rep., 2015, 5: 12323.

[45] Skovgaard L T. A Riemannian geometry of the multivariate normal model. Scand. J. Stat., 1984, 11: 211–223.

[46] Yang C N, Mills R. Conservation of isotopic spin and isotopic gauge invariance. Phys. Rev., 1954, 96: 191–195.

[47] 甘利俊一, 長岡浩司. 情報幾何の方法. 东京: 岩波書店, 1993.

[48] 黎湘, 程永强, 王宏强, 秦玉亮. 雷达信号处理的信息几何方法. 北京: 科学出版社, 2014.

[49] 罗四维. 大规模人工神经网络理论基础. 北京: 清华大学出版社, 2005.

[50] Amari S. 信息几何. 孙华飞, 译. 数学译林, 2003, 2: 112–120.

[51] 孙华飞, 彭林玉, 张真宁. 信息几何及其应用. 数学进展, 2011, 40: 257–269.

[52] 陶然, 邓兵, 王越. 分数阶傅里叶变换及其应用. 北京: 清华大学出版社, 2009.

[53] 韦博成. 统计推断与微分几何. 北京: 清华大学出版社, 1988.

[54] 许天周, 李炳照. 线性正则变换及其应用. 北京: 科学出版社, 2013.

[55] 张贤达. 矩阵分析与应用. 北京: 清华大学出版社, 2004.

第 2 章　微分几何基础

本章将简要地介绍信息几何中所涉及的微分几何的基础内容, 细节可以参照本章后面所附的参考文献.

对于三维欧氏空间中的曲线和曲面, 情况相对简单, 曲线的曲率和挠率分别描述曲线在一点附近的弯曲程度和扭曲程度, 例如, 直线的曲率和挠率都为零, 单位圆是均匀弯曲的曲线, 其曲率是 1. 曲率和挠率在刚体运动下是不变的. 高斯曲率是描述曲面一点附近弯曲度的几何量, 它仅仅依赖于曲面自身的度量, 与曲面位于的欧氏空间没有关系. 例如, 平面的高斯曲率为零, 二维单位球面的高斯曲率是 1, 而单叶双曲面的高斯曲率是负的. 作为曲线和曲面的推广, 人们引入微分流形的概念. 微分流形对一些读者来说也许是比较陌生的, 而且其严格定义更是要花费一番气力才能深刻地理解. 粗略地讲, 所谓微分流形就是局部上可以安装一个欧氏空间的这样一个空间, 其上面具有拓扑结构和微分结构, 可以进行求导和积分运算等, 有兴趣的读者可参照本章后面的参考文献系统地学习. 例如, 欧氏空间 $\mathbb{R}^n$ 本身就是最简单的微分流形, 半径为 1 的球面

$$S^n(1) = \left\{x = (x_1, x_2, \cdots, x_{n+1}) \mid x_1^2 + x_2^2 + \cdots + x_{n+1}^2 = 1\right\},$$

半径为 1 的开球

$$B^n(1) = \left\{x = (x_1, x_2, \cdots, x_n) \mid x_1^2 + x_2^2 + \cdots + x_n^2 < 1\right\},$$

以及一般线性群

$$GL(n, \mathbb{R}) = \left\{A \in \mathbb{R}^{n\times n} \mid \det(A) \neq 0\right\}$$

都是微分流形. 特别地, 正态分布的全体所构成的集合

$$\left\{p\left(x;\mu,\sigma^2\right) \;\middle|\; p\left(x;\mu,\sigma^2\right) = \frac{1}{\sqrt{2\pi\sigma^2}}\exp\left\{\frac{-(x-\mu)^2}{2\sigma^2}\right\}\right\}$$

在一定条件下也是一个微分流形, 该流形在信息领域中发挥着重要的作用. 以后我们要研究的流形都假设是光滑的.

设 M 为 n 维微分流形, T_pM 表示流形 M 在 p 处的切空间. 切空间的无交并为切丛 $TM=\bigcup_{p\in M}T_pM$. M 上的光滑向量场为切丛的光滑截面, 记为 $X\in\mathfrak{X}(M)$. 局部地, 对于流形 M 上的任一点 p, $X(p)\in T_pM$. 类似于在欧氏空间上求函数的方向导数, 在流形 M 上有相应的运算 ∇ 称为联络或协变导数:

$$\nabla:\mathfrak{X}(M)\times\mathfrak{X}(M)\to\mathfrak{X}(M),$$
$$(X,Y)\mapsto\nabla_XY\in\mathfrak{X}(M),$$

满足以下条件:

$$\begin{aligned}
&\nabla_X(Y+Z)=\nabla_XY+\nabla_XZ,\\
&\nabla_{X+Y}Z=\nabla_XZ+\nabla_YZ,\\
&\nabla_{fX}Y=f\nabla_XY,\\
&\nabla_X(fY)=X(f)Y+f\nabla_XY,
\end{aligned}$$

其中 $X,Y,Z\in\mathfrak{X}(M)$, $f\in C^\infty(M)$ 为光滑函数. 那么, 用局部坐标如何来表示 ∇_XY 呢? 对于 n 维流形 M 上的一点 p 的一个邻域, 存在坐标系 $\{x^i\},i=1,2,\cdots,n$, 则切空间可以表示为

$$T_pM=\operatorname{span}\left\{\frac{\partial}{\partial x^1},\frac{\partial}{\partial x^2},\cdots,\frac{\partial}{\partial x^n}\right\},$$

其中 $\left\{\dfrac{\partial}{\partial x^i}\right\}_{i=1}^n$ 称为 T_pM 的自然基底. 设 $X=X^i\dfrac{\partial}{\partial x^i},Y=Y^j\dfrac{\partial}{\partial x^j}$, 利用联络的性质, 则有

$$\begin{aligned}
\nabla_XY&=\nabla_{\left(X^i\frac{\partial}{\partial x^i}\right)}\left(Y^j\frac{\partial}{\partial x^j}\right)\\
&=X^i\left(\nabla_{\frac{\partial}{\partial x^i}}\left(Y^j\frac{\partial}{\partial x^j}\right)\right)\\
&=X^i\left(\frac{\partial Y^j}{\partial x^i}\frac{\partial}{\partial x^j}+Y^j\nabla_{\frac{\partial}{\partial x^i}}\frac{\partial}{\partial x^j}\right)\\
&=X^i\left(\frac{\partial Y^k}{\partial x^i}+Y^j\Gamma_{ij}^k\right)\frac{\partial}{\partial x^k},
\end{aligned}$$

其中 $\nabla_{\frac{\partial}{\partial x^i}} \dfrac{\partial}{\partial x^j} = \Gamma_{ij}^k \dfrac{\partial}{\partial x^k}$, 称 Γ_{ij}^k 为联络系数.

注2.1　在本书中爱因斯坦求和约定广泛使用.

定义2.1　设 $f: M \to N$ 是两个光滑流形间的光滑映射, 则称

$$f_{*p}: T_pM \to T_{f(p)}N$$

为切空间 T_pM 到切空间 $T_{f(p)}N$ 的切映射. 如果 f_* 是单射, 称 f 为浸入. 如果 f_* 是满射, 称 f 为淹没. 如果 f 是同胚的浸入, 则称 f 为嵌入.

定义2.2　定义黎曼度量

$$g: \mathfrak{X}(M) \times \mathfrak{X}(M) \to \mathbb{R}$$

为满足对称性和正定性的双线性函数, 即对于任意的 $X, Y \in \mathfrak{X}(M)$, 有

$$g(X,Y) = g(Y,X),$$

$$g(X,X) \geqslant 0,$$

其中第二式中等号成立的充要条件是 $X = 0$.

因此, 局部地, 我们可以定义流形上任意一点 p 处的切空间上的内积. 用分量可以表示为 $g(X,Y) = g_{ij}X^iX^j$, 其中矩阵 (g_{ij}) 的元素为 $g\left(\dfrac{\partial}{\partial x^i}, \dfrac{\partial}{\partial x^j}\right)$. 特别地, 当流形为欧氏空间时, $g_{ij} = \delta_{ij}$, 从而 $g(X,Y) = \sum\limits_i X^iY^i$, 这就是通常的欧氏空间的内积.

注2.2　任意的一个光滑流形上总存在黎曼度量. 带有黎曼度量 g 的微分流形 M 称为黎曼流形 (M,g).

定义2.3　如果 $f:(M,g) \to (N,h)$ 是两个黎曼流形之间的光滑同胚, 并且对于任意的 $p \in M$, 以及 $u, v \in T_pM$, 都有

$$h(f_*(u), f_*(v)) = g(u,v),$$

则称 (M,g) 与 (N,h) 等距.

现在用曲率张量来描述流形 M 的弯曲程度.

定义2.4 流形 M 的曲率张量 R 定义为

$$R:\mathfrak{X}(M)\times\mathfrak{X}(M)\times\mathfrak{X}(M)\to\mathfrak{X}(M),$$

$$R(X,Y)Z=\nabla_X\nabla_Y Z-\nabla_Y\nabla_X Z-\nabla_{[X,Y]}Z,$$

其中 $X,Y,Z\in\mathfrak{X}(M)$, $[X,Y]:=XY-YX$ 为李括号. 曲率张量的分量表示为

$$R_{ijk}^{l}=\frac{\partial\Gamma_{kj}^{l}}{\partial x^{i}}-\frac{\partial\Gamma_{ki}^{l}}{\partial x^{j}}+\Gamma_{kj}^{h}\Gamma_{hi}^{l}-\Gamma_{ki}^{h}\Gamma_{hj}^{l}.$$

利用曲率张量可以定义黎曼流形 (M,g) 的截面曲率

$$K_{ij}=-\frac{R_{ijij}}{g_{ii}g_{jj}-g_{ij}^{2}},$$

其中 $R_{ijkl}=R_{ijk}^{m}g_{ml}$. 对于二维流形, 截面曲率就是高斯曲率. 前面提到的欧氏空间 $\mathbb{R}^n$ 的截面曲率为零, 单位球面 $S^n(1)$ 的截面曲率为 1, 而球 $B^n(1)$ 的截面曲率为 -1. 从第 3 章的内容我们还会知道, 一元正态分布全体所构成的流形 $\{p(x;\mu,\sigma^2)\}$ 的截面曲率为 $-\frac{1}{2}$. 另外, 由曲率张量可以定义 Ricci 曲率

$$R_{ij}=R_{ikjl}g^{kl},$$

以及数量曲率

$$R=R_{ij}g^{ij},$$

其中 (g^{ij}) 是 (g_{ij}) 的逆.

注2.3 常曲率的流形是均匀弯曲的. 完备的、单连通并带有常曲率的黎曼流形一定等距于欧氏空间、球面或双曲空间之一.

下面给出一种特殊的联络, 这种联络保持无挠性或对称性.

定义2.5 称流形 M 上的联络 ∇ 为无挠的, 如果

$$0=T(X,Y):=\nabla_X Y-\nabla_Y X-[X,Y],$$

其中 $X,Y\in\mathfrak{X}(M)$, 由此可得 $\Gamma_{ij}^{k}=\Gamma_{ji}^{k}$, 即联络 ∇ 是对称的.

称联络 ∇ 与流形 M 上的黎曼度量 g 是相容的, 如果

$$Xg(Y,Z)=g(\nabla_X Y,Z)+g(Y,\nabla_X Z), \tag{2.1}$$

其中 $X,Y,Z\in\mathfrak{X}(M)$.

定义2.6　联络 ∇ 称为 Levi-Civita 联络或黎曼联络, 如果 ∇ 是无挠的和相容的.

对于光滑流形 M, 给定一个黎曼度量 g, 则存在唯一的黎曼联络 ∇, 由下式确定:

$$
\begin{aligned}
2g\left(\nabla_X Y, Z\right) = & Xg\left(Y, Z\right) + Yg\left(X, Z\right) - Zg\left(X, Y\right) + g\left(Y, [Z, X]\right) \\
& + g\left(Z, [X, Y]\right) - g\left(X, [Y, Z]\right).
\end{aligned}
$$

注2.4　对于流形 M, 如果关于联络 ∇ 的曲率张量和挠率张量都等于零 (既不弯曲又不扭曲), 则称 M 关于 ∇ 是平坦的.

注2.5　爱因斯坦的广义相对论是以张量的形式表达的包含几何量与物理量的能量-动量方程

$$
R_{ij} - \frac{1}{2} R g_{ij} = -k T_{ij},
$$

其中 k 是常数, T_{ij} 表示能量-动量张量 (的分量).

下面给出平行移动以及测地线的概念.

定义2.7 (平行移动与测地线)　设 $\gamma : \mathbb{R} \supset I \to M$ 是流形 M 上的一条曲线, $X\left(\gamma\left(t\right)\right)$ 沿着 $\gamma\left(t\right)$ 平行移动, 指的是

$$
\nabla_{\dot{\gamma}} X = 0.
$$

特别地, 当曲线 $\gamma\left(t\right)$ 沿着自己平行移动时, 称 $\gamma\left(t\right)$ 为测地线, 此时有

$$
\nabla_{\dot{\gamma}} \dot{\gamma} = 0,
$$

由此可得测地线方程

$$
\ddot{\gamma}^k + \Gamma_{ij}^k \dot{\gamma}^i \dot{\gamma}^j = 0.
$$

对于欧氏空间, 由于 $\Gamma_{ij}^k = 0$, 从而得到 $\ddot{\gamma}^k = 0$, 即此时的测地线就是直线.

注2.6　测地线在信息几何的研究中起着重要的作用. 在局部上, 测地线是连接流形上两点的最短线, 例如, 球面上的大圆满足测地线方程, 连接劣弧上任意两点的线是最短线, 而连接优弧任意两点的线却不是最短线. 而对于欧氏空间, 因为它是平坦的, 其上面连接两点的测地线是直线.

定义2.8 (测地完备) 流形 M 称为测地完备的, 如果其上的所有测地线 γ 的定义域都可以扩充到整个 $\mathbb{R}$ 上.

由此可见, 如果一个流形是测地完备的, 则流形上没有边界, 没有奇点. 例如, $\mathbb{R}-\{0\}$ 不是测地完备的, 而 $\mathbb{R}^n$, $S^n(1)$ 都是测地完备的.

注2.7 对于测地完备的黎曼流形, 利用测地完备性我们可以全局地利用测地线来定义测地距离. 完备、连通的流形是测地完备的, 即流形上任意两点均可以用测地线来连接, 这给研究带来了很大的方便.

注2.8 测地线也可以通过能量变分获得, 即在端点固定的条件下, 求能量泛函

$$E(x)=\frac{1}{2}\int_{t_0}^{t_1}\|\dot{x}(t)\|^2\,\mathrm{d}t=\frac{1}{2}\int_{t_0}^{t_1}g_{ij}\dot{x}^i\dot{x}^j\,\mathrm{d}t$$

的最小值. 可知沿测地线时能量泛函达到最小值.

注2.9 设向量场 $X(t),Y(t)$ 沿着测地线 $\gamma(t)$ 平行移动, 则由相容性 (2.1) 可知

$$\frac{\mathrm{d}}{\mathrm{d}t}g\left(X(t),Y(t)\right)=g\left(\nabla_{\dot{\gamma}(t)}X(t),Y(t)\right)+g\left(X(t),\nabla_{\dot{\gamma}(t)}Y(t)\right)=0.$$

上式表明, 沿着测地线平行移动的向量场 $X(t),Y(t)$ 的内积是不变的.

定义2.9(指数映射) 设 M 是一个光滑流形, $v\in T_pM$ 为 p 处的切向量, 则局部地存在唯一的测地线 $\gamma_v(t)$, 使得 $\gamma_v(0)=p$, $\gamma_v'(0)=v$. 与 $\gamma_v(t)$ 对应的指数映射 $\exp: TM\to M$ 定义为 $\exp_p(v)=\gamma_v(1)$.

通过重新参数化 $t\mapsto kt\ (k\neq 0)$, 于是测地线由 $t\mapsto\gamma_v(t)$ 变成 $t\mapsto\gamma_{kv}(t)$, 即 $\gamma_v(kt)=\gamma_{kv}(t)$. 由此可知

$$\exp_p(tv)=\gamma_{tv}(1)=\gamma_v(t).$$

注2.10 指数映射的定义域有一定范围, 换句话说, 指数映射一般不能在整个流形上成立, 当流形 M 是紧流形时指数映射是满射. 当 $M=GL(n,\mathbb{R})$ 时, 指数映射就是矩阵指数.

定义2.10 设 (M,g) 是连通的黎曼流形, 任意两点 $p,q\in M$ 之间的距离由下式定义

$$d(p,q)=\inf\left\{L(\gamma)=\int_p^q\|\dot{\gamma}\|\,\mathrm{d}t,p,q\in M\right\},$$

其中 γ 是连接 $p, q \in M$ 中的分段光滑曲线, $L(\gamma)$ 是曲线 γ 的长度. 由此可知 (M, d) 是一个度量空间.

定义2.11(Jacobi 场) 在黎曼流形 (M, g) 上, 沿着测地线 $\gamma(t)$ 的 Jacobi 场是用来描述 $\gamma(t)$ 和与其无限接近的测地线之间差异的向量场. 通过对弧长的二次变分可以获得沿测地线 $\gamma(t)$ 的 Jacobi 场 J, 满足方程

$$\nabla_{\dot{\gamma}(t)}\nabla_{\dot{\gamma}(t)}J + R\left(\dot{\gamma}(t), J\right)\dot{\gamma}(t) = 0. \tag{2.2}$$

注2.11 方程 (2.2) 称为 Jacobi 方程或者 Jacobi-Levi-Civita 方程. 该方程涉及流形的曲率, 曲率决定着沿测地线的 Jacobi 场的稳定性.

特别地, 利用 Jacobi 方程可以证明著名的 Myers 定理: Ricci 曲率有正下界的完备的黎曼流形是紧的.

定义2.12(Killing 场) 设 (M, g) 是黎曼流形, Y, Z 是 M 上的向量场, 如果向量场 X 满足

$$g\left(\nabla_Y X, Z\right) + g\left(\nabla_Z X, Y\right) = 0,$$

则称 X 为 Killing 场.

参考文献

[1] do Carmo M P. Riemannian Geometry. Birkhäuser: Springer, 1992.

[2] Guo Z, Wang C, Li H. The second variational formula for Willmore submanifolds in S^n. Results Math., 2001, 40: 205–225.

[3] Helgason S. Differential Geometry, Lie Groups, and Symmetric Spaces. New York: Academic Press, 1978.

[4] Kobayashi S, Nomizu K. Foundations of Differential Geometry (Vol. 1,2). New York: Interscience Publishers, 1963.

[5] Jost J. Riemannian Geometry and Geometric Analysis. 3rd ed. Berlin: Springer, 2002.

[6] Lang S. Fundamentals of Differential Geometry. New York: Springer-Verlag, 1999.

[7] Lee J M. Riemannian Manifolds: An Introduction to Curvature. New York: Springer-Verlag, 1997.

[8] 白正国, 沈一兵, 水乃翔, 郭孝英. 黎曼几何初步. 北京: 高等教育出版社, 2012.

[9] 陈省身, 陈维桓. 微分几何讲义. 北京: 北京大学出版社, 1981.

[10] 陈维桓. 微分几何初步. 北京: 北京大学出版社, 1990.

[11] 陈维桓, 李兴校. 黎曼几何引论 (上、下). 北京: 北京大学出版社, 2002.

[12] 杜布文, 诺维克夫, 福明柯. 现代几何学. 许明, 译. 北京: 高等教育出版社, 2005.

[13] 黄正中. 微分几何导引. 南京: 南京大学出版社, 1992.

[14] 李安民, 赵国松. 仿射微分几何. 成都: 四川师范大学出版社, 1990.

[15] 莫小欢. 黎曼-芬斯勒几何基础. 北京: 北京大学出版社, 2007.

[16] 唐梓洲. 黎曼几何基础. 北京: 北京师范大学出版社, 2010.

[17] 忻元龙. 黎曼几何讲义. 上海: 复旦大学出版社, 2010.

[18] 伍鸿熙. 黎曼几何初步. 北京: 北京大学出版社, 1989.

[19] 伍鸿熙, 陈维桓. 黎曼几何选讲. 北京: 北京大学出版社, 1993.

[20] 伍鸿熙, 沈纯理, 虞言林. 黎曼几何初步. 北京: 高等教育出版社, 2014.

[21] 周建伟. 微分几何讲义. 北京: 科学出版社, 2010.

第 3 章　经典信息几何理论概述

本章简要介绍经典信息几何的主要内容. 经典信息几何指的是把概率密度函数全体看成一个集合, 在满足一定的正则条件下构成一个微分流形, 利用 Fisher 信息矩阵作为黎曼度量, 再引入对偶联络, 研究这样构成的随机现象的全体的几何性质以及应用[1, 2].

3.1　基 本 概 念

集合

$$M = \{p(x;\theta) \mid \theta \in \Theta \subset \mathbb{R}^n\}$$

满足以下的正则条件成为一个流形:

(1) $p(x;\theta) > 0$, 而且当 $\theta_1 \neq \theta_2$ 时, $p(x;\theta_1) \neq p(x;\theta_2)$;

(2) $\left\{\dfrac{\partial}{\partial\theta^i}\right\}_{i=1}^n$, $\left\{\dfrac{\partial}{\partial\theta^i}\log p(x;\theta)\right\}_{i=1}^n$ 均线性无关;

(3) $\dfrac{\partial}{\partial\theta^i}\displaystyle\int = \int \dfrac{\partial}{\partial\theta^i}$;

(4) $\left\{\dfrac{\partial}{\partial\theta^i}\log p(x;\theta)\right\}$ 存在所需要的各节矩,

其中 x 是样本空间 X 中的随机变量, $p(x;\theta)$ 是关于 x 的概率密度函数, 参数 θ 是一个 n 维向量 $\theta = (\theta^1, \theta^2, \cdots, \theta^n) \in \Theta$, Θ 为 n 维实向量空间 $\mathbb{R}^n$ 的开集. 参数 θ 可以看作流形 M 上的局部坐标系. 我们也称这样的流形 M 为统计流形.

流形 M 的切空间 T_pM 可以表示为 $\mathrm{span}\left\{\dfrac{\partial}{\partial\theta^1}, \dfrac{\partial}{\partial\theta^2}, \cdots, \dfrac{\partial}{\partial\theta^n}\right\}$. 为了研究实际问题的方便性, 如下同构关系尤其重要, 即

$$T_pM \cong \mathrm{span}\left\{\frac{\partial}{\partial\theta^1}\log p(x;\theta), \frac{\partial}{\partial\theta^2}\log p(x;\theta), \cdots, \frac{\partial}{\partial\theta^n}\log p(x;\theta)\right\}.$$

所以在信息几何中, 通常我们并不区分二者.

在流形 M 上, 用 Fisher 信息矩阵定义黎曼度量, 其分量形式如下

$$g_{ij}(\theta)=E\left[\partial_i \log p(x;\theta)\partial_j \log p(x;\theta)\right], \quad i,j=1,2,\cdots,n, \tag{3.1}$$

其中 E 表示关于概率密度 $p(x;\theta)$ 的数学期望, $\partial_i=\dfrac{\partial}{\partial\theta^i}$. 这里定义的 Fisher 信息矩阵是正定的. 事实上, 显然有 $g_{ij}=g_{ji}$, 即 g 满足对称性. 同时, 我们有

$$\begin{aligned} g(X,X) &= X^iX^jg_{ij} \\ &= X^iX^jE\left[\partial_i \log p(x;\theta)\partial_j \log p(x;\theta)\right] \\ &= \int \left(X^i\partial_i \log p(x;\theta)\right)^2 p(x,\theta)\,\mathrm{d}x \geqslant 0, \end{aligned}$$

而且等号成立的充要条件是 $X^i\partial_i \log p(x;\theta)=0$, 由正则性知 $X^i=0$, 即 $X=0$. 这就证明了 Fisher 信息矩阵的正定性. 于是, 上面的流形 M 连同 Fisher 信息矩阵 g 构成了黎曼流形 (M,g).

注3.1 当 $\partial_i\partial_j \log p(x;\theta)=\partial_j\partial_i \log p(x;\theta)$ 时, 我们有更加方便的计算公式

$$g_{ij}(\theta)=-E\left[\partial_i\partial_j \log p(x;\theta)\right]. \tag{3.2}$$

例3.1(一元正态分布流形) 一元正态分布的概率密度函数为

$$p(x;\theta)=\frac{1}{\sqrt{2\pi}\sigma}\exp\left\{-\frac{(x-\mu)^2}{2\sigma^2}\right\},$$

则将

$$M=\left\{p(x;\theta)\mid\theta=\left(\theta^1,\theta^2\right)=(\mu,\sigma),\ \mu\in\mathbb{R},\ \sigma\in\mathbb{R}_+\right\}$$

称为一元正态分布流形. 取坐标系 θ, 利用式 (3.2), 经计算可得 Fisher 信息矩阵

$$(g_{ij})=\begin{pmatrix} \dfrac{1}{\sigma^2} & 0 \\ 0 & \dfrac{2}{\sigma^2} \end{pmatrix}.$$

Fisher 信息矩阵依赖于参数的选取, 但是高斯曲率却不依赖于参数的选择.

例3.2 定义流形[12, 13]

$$M = \{p(x;R)\},$$

其中

$$p(x;R) = \frac{1}{\pi^n \det(R)} \exp\left(-x^{\mathrm{H}} R^{-1} x\right) = \frac{1}{\pi^n \det(R)} \exp\left\{-\operatorname{tr}\left(\widehat{R} R^{-1}\right)\right\},$$

$x = (x_1, x_2, \cdots, x_n)^{\mathrm{T}}$, $\widehat{R} = x x^{\mathrm{H}}$, $\overline{x}_k$ 和 x^{H} 分别为 x 的共轭及共轭转置, $E\left(\widehat{R}\right) = R$,

$$R = \begin{pmatrix} r_0 & \overline{r}_1 & \cdots & \overline{r}_{n-1} \\ r_1 & r_0 & \cdots & \overline{r}_{n-2} \\ \vdots & \vdots & & \vdots \\ r_{n-1} & r_{n-2} & \cdots & r_0 \end{pmatrix},$$

$r_k = E\left[x_n \overline{x}_{n-k}\right]$, 满足 $r_i = \overline{r}_{-i}$. 由式 (3.2) 可以得到流形 M 的黎曼度量. 事实上, 因为

$$\log p = -n \log \pi - \log \det(R) - \operatorname{tr}\left(\widehat{R} R^{-1}\right),$$

则有

$$\begin{aligned} \partial_i \log p &= -\partial_i \log \det(R) - \partial_i \operatorname{tr}\left(\widehat{R} R^{-1}\right) \\ &= -\frac{1}{\det(R)} \partial_i \det(R) - \operatorname{tr}\left(\widehat{R} \partial_i R^{-1}\right). \end{aligned}$$

使用公式 $\mathrm{d}(\det(R)) = \det(R) \operatorname{tr}\left(R^{-1} \mathrm{d}R\right)$, 以及 $\partial_i \det(R) = \det(R) \operatorname{tr}\left(\widehat{R} \partial_i R^{-1}\right)$, 则有

$$\begin{aligned} \partial_i \log p &= -\operatorname{tr}(R^{-1} \partial_i R) - \operatorname{tr}\left(\widehat{R} \partial_i R^{-1}\right) \\ &= \operatorname{tr}(R^{-1} R \partial_i R^{-1} R) - \operatorname{tr}\left(\widehat{R} \partial_i R^{-1}\right) \\ &= \operatorname{tr}(\partial_i R^{-1} R) - \operatorname{tr}\left(\widehat{R} \partial_i R^{-1}\right). \end{aligned}$$

这里应用了如下性质

$$R R^{-1} = I_n, \quad \partial_i R = -R \partial_i R^{-1} R.$$

进而, 直接计算可以得到

$$\partial_i\partial_j \log p = \mathrm{tr}\big(\partial_j\partial_i R^{-1}R\big) + \mathrm{tr}\big(\partial_i R^{-1}\partial_j R\big) - \mathrm{tr}\Big(\widehat{R}\partial_j\partial_i R^{-1}\Big).$$

注意到 $E(\widehat{R}) = R$, 流形 M 的黎曼度量分量为

$$\begin{aligned} g_{ij} &= -E\left[\partial_j\partial_i \log p\right] \\ &= -\mathrm{tr}\big(\partial_j\partial_i R^{-1}R\big) - \mathrm{tr}\big(\partial_i R^{-1}\partial_j R\big) + \mathrm{tr}\Big(E(\widehat{R})\partial_j\partial_i R^{-1}\Big) \\ &= -\mathrm{tr}\big(\partial_j\partial_i R^{-1}R\big) - \mathrm{tr}\big(\partial_i R^{-1}\partial_j R\big) + \mathrm{tr}\big(R\partial_j\partial_i R^{-1}\big) \\ &= -\mathrm{tr}\big(\partial_i R^{-1}\partial_j R\big) \\ &= \mathrm{tr}\big(R^{-1}\partial_i R R^{-1}\partial_j R\big) \\ &= \mathrm{tr}\big(R\partial_i R^{-1} R\partial_j R^{-1}\big). \end{aligned}$$

该度量在研究信号处理时发挥着重要的作用.

因为黎曼联络需要满足相容性和无挠性, 这样的要求比较严格, 限制了它的应用范围. 为此 Amari 提出了如下的对偶联络.

定义3.1　设 ∇, ∇^* 是黎曼流形 (M, g) 上的两个联络, 如果对于任意的 $X, Y, Z \in \mathfrak{X}(M)$, 都有

$$Xg(Y,Z) = g(\nabla_X Y, Z) + g\left(Y, \nabla_X^* Z\right), \tag{3.3}$$

则称 ∇ 和 ∇^* 互为对偶联络.

显然, $(\nabla^*)^* = \nabla$, 而且当 $\nabla^* = \nabla$ 时, 上面的联络关于度量 g 满足相容性.

注3.2　对于给定的联络 ∇, 关于黎曼度量 g 存在唯一的对偶联络 ∇^*. 而且, ∇ 和 ∇^* 都没有无挠性和相容性, 但是 $\dfrac{1}{2}(\nabla + \nabla^*)$ 满足相容性. 进一步可以证明, 如果 ∇, ∇^* 以及 $\dfrac{1}{2}(\nabla + \nabla^*)$ 中有两个是无挠的, 则第三个也是无挠的.

注3.3　对偶联络的引入是对微分几何的一大贡献, 一些数学家正在从事关于带有对偶联络的几何学的研究[20].

对于联络 ∇ 的对偶联络 ∇^*, 可以定义相应的曲率张量 R^*,

$$R^*(X,Y)Z = \nabla_X^*\nabla_Y^* Z - \nabla_Y^*\nabla_X^* Z - \nabla_{[X,Y]}^* Z.$$

进而可以获得曲率张量 R 与 R^* 之间的关系. 事实上, 由对偶联络的定义, 则有

$$
\begin{aligned}
g\left(R^*(X,Y)W,Z\right)=&g\left(\nabla_X^*\nabla_Y^*W-\nabla_Y^*\nabla_X^*W-\nabla_{[X,Y]}^*W,Z\right)\\
=&g\left(\nabla_X^*\nabla_Y^*W,Z\right)-g\left(\nabla_Y^*\nabla_X^*W,Z\right)-g\left(\nabla_{[X,Y]}^*W,Z\right)\\
=&Xg\left(\nabla_Y^*W,Z\right)-g\left(\nabla_Y^*W,\nabla_XZ\right)-Yg\left(\nabla_X^*W,Z\right)\\
&+g\left(\nabla_X^*W,\nabla_YZ\right)-[X,Y]g(W,Z)+g\left(W,\nabla_{[X,Y]}Z\right)\\
=&X\left(Yg(W,Z)-g\left(W,\nabla_YZ\right)\right)-Yg\left(W,\nabla_XZ\right)+g\left(W,\nabla_Y\nabla_XZ\right)\\
&-Y\left(Xg(W,Z)-g(W,\nabla_XZ)\right)+Xg\left(W,\nabla_YZ\right)\\
&-g\left(W,\nabla_X\nabla_YZ\right)-[X,Y]g(W,Z)+g\left(W,\nabla_{[X,Y]}Z\right)\\
=&g\left(W,\nabla_Y\nabla_XZ\right)-g\left(W,\nabla_X\nabla_YZ\right)+g\left(W,\nabla_{[X,Y]}Z\right)\\
=&-\left[g\left(W,\nabla_X\nabla_YZ-\nabla_Y\nabla_XZ-\nabla_{[X,Y]}Z\right)\right]\\
=&-g(W,R(X,Y)Z)\\
=&-g(R(X,Y)Z,W).
\end{aligned}
$$

尽管上面定义的对偶联络没有无挠性, 但是 Amari 由此利用数学期望在统计流形 M 上定义了一族联络 $\nabla^{(\alpha)}$, 称为 α-联络:

$$
\begin{aligned}
g\left(\nabla_X^{(\alpha)}Y,Z\right)=&E\left[(XY\log p(x;\theta))(Z\log p(x;\theta))\right]\\
&+\frac{1-\alpha}{2}E\left[(X\log p(x;\theta))(Y\log p(x;\theta))(Z\log p(x;\theta))\right],
\end{aligned}
$$

其中 X,Y,Z 为流形 M 上的向量场, α 为实参数. 可以验证, 这样定义的联络 $\nabla^{(\alpha)}$ 的确满足联络的各条规则, 更重要的是这样的联络是无挠的. 仅仅从定义不易看出来, 事实上设 $\nabla_{\partial_i}^{(\alpha)}\partial_j=\Gamma_{ij}^{(\alpha)k}\partial_k$, 注意到 $\Gamma_{ij}^{(\alpha)l}g_{lk}=\Gamma_{ijk}^{(\alpha)}$, 经过计算可得

$$
\Gamma_{ijk}^{(\alpha)}=\Gamma_{ijk}-\frac{\alpha}{2}T_{ijk},
$$

其中 $T_{ijk}=E\left[(\partial_i\log p(x;\theta))(\partial_j\log p(x;\theta))(\partial_k\log p(x;\theta))\right]$ 关于指标 i,j,k 是对称的, 而黎曼联络系数

$$
\Gamma_{ijk}=\frac{1}{2}\left(\frac{\partial g_{ik}}{\partial\theta^j}+\frac{\partial g_{jk}}{\partial\theta^i}-\frac{\partial g_{ij}}{\partial\theta^k}\right)
$$

关于下标 i,j 是对称的, 因此 $\Gamma_{ijk}^{(\alpha)}$ 关于下标 i,j 也是对称的, 即 $\nabla^{(\alpha)}$ 是无挠的. 可以验证 $\nabla^{(\alpha)}$ 与 $\nabla^{(-\alpha)}$ 是对偶联络, 也就是说它们满足

$$Xg(Y,Z) = g\left(\nabla_X^{(\alpha)}Y, Z\right) + g\left(Y, \nabla_X^{(-\alpha)}Z\right).$$

相比于黎曼联络, α-联络有更宽泛的适用范围.

注3.4 当 $\alpha = 0$ 时, 可以得到 $\Gamma_{ijk}^{(0)} = \Gamma_{ijk}$, 也就是说 $\nabla^{(0)}$ 是黎曼联络.

关于联络 $\nabla^{(\alpha)}$ 的挠率张量 $T^{(\alpha)}$ 和曲率张量 $R^{(\alpha)}$ 分别定义为

$$\begin{aligned}
&T^{(\alpha)}(X,Y) := \nabla_X^{(\alpha)}Y - \nabla_Y^{(\alpha)}X - [X,Y], \\
&R^{(\alpha)}(X,Y)Z := \nabla_X^{(\alpha)}\nabla_Y^{(\alpha)}Z - \nabla_Y^{(\alpha)}\nabla_X^{(\alpha)}Z - \nabla_{[X,Y]}^{(\alpha)}Z.
\end{aligned}$$

由对偶联络的性质可知, 如果流形 M 关于 $\nabla^{(\alpha)}$ 是平坦的, 那么它关于 $\nabla^{(-\alpha)}$ 也是平坦的.

指数分布族在统计推断理论中占据了极其重要的地位.

定义3.2 称

$$M = \{p(x;\theta) \mid \theta \in \Theta \subset \mathbb{R}^n\}$$

为指数分布族, 如果概率密度函数可以表示为

$$p(x;\theta) = \exp\left\{C(x) + \sum_{i=1}^{n} \theta^i r_i(x) - \psi(\theta)\right\},$$

其中 $r_i(x)$, $i = 1,2,\cdots,n$, $C(x)$ 是 x 的函数, $\theta = (\theta^1, \theta^2, \cdots, \theta^n)$ 为自然坐标系, $\psi(\theta)$ 为关于 θ 的势函数. 指数分布族 M 在正则条件下成为一个流形.

注3.5 可以验证, 势函数 $\psi(\theta)$ 是凸函数, 也就是说 $\psi(\theta)$ 的黑塞矩阵是正定矩阵.

在自然坐标系 θ 下, 指数分布族流形 M 的几何量可由如下的式子给出:

$$\begin{aligned}
&g_{ij}(\theta) = \partial_i\partial_j\psi(\theta), \\
&T_{ijk}(\theta) = \partial_k(g_{ij}) = \partial_i\partial_j\partial_k\psi(\theta), \\
&\Gamma_{ijk}^{(\alpha)}(\theta) = \frac{1-\alpha}{2}T_{ijk}(\theta), \\
&R_{ijkl}^{(\alpha)} = \frac{1-\alpha^2}{4}\left(T_{kmi}T_{jln} - T_{kmj}T_{iln}\right)g^{mn},
\end{aligned}$$

其中 $R_{ijkl}^{(\alpha)}$ 表示 α-曲率张量的分量. 于是可以得到指数分布族流形关于对偶联络 $\nabla^{(1)}$ 和 $\nabla^{(-1)}$ 是平坦的, 即指数分布族流形是 ±1-平坦的. 自然坐标系 θ 为 1-仿射坐标系.

注3.6 一旦我们把随机分布所构成的流形化成指数分布族后, 其几何量可由势函数决定, 这避免了很多复杂的计算过程.

自然坐标系 θ 的对偶坐标系定义为 $\eta_i = E_\theta(x_i) = \partial_i\psi(\theta)$, 亦称为期望坐标系.

例3.3 一元正态分布的概率密度函数

$$p\left(x;\mu,\sigma^2\right) = \frac{1}{\sqrt{2\pi}\sigma}\exp\left\{-\frac{(x-\mu)^2}{2\sigma^2}\right\}$$

可以表示为

$$p(x;\theta) = \exp\left\{\sum_{i=1}^{2}\theta^i r_i(x) - \psi(\theta)\right\},$$

其中 $\theta = \left(\dfrac{\mu}{\sigma^2}, \dfrac{-1}{2\sigma^2}\right)$, $(r_1, r_2) = (x, x^2)$, 势函数为

$$\psi(\theta) = -\frac{\left(\theta^1\right)^2}{4\theta^2} - \frac{1}{2}\log\left(-\theta^2\right) + \frac{1}{2}\log\pi.$$

利用势函数 $\psi(\theta)$, 可以得到流形 $\left\{p\left(x;\mu,\sigma^2\right)\right\}$ 的截面曲率是$-\dfrac{1}{2}$, 该流形是双曲的.

注3.7 对于一元正态分布全体构成的流形, 其关于参数 $\theta = (\mu,\sigma)$ 的黎曼度量为

$$(\mathrm{d}s)^2 = \frac{1}{\sigma^2}\left((\mathrm{d}\mu)^2 + 2(\mathrm{d}\sigma)^2\right),$$

由此也可以得到它的截面曲率为 $-\dfrac{1}{2}$.

注3.8 对于一元正态分布流形, 在引入 Fisher 信息矩阵作为黎曼度量后其截面曲率是常数 $\left(-\dfrac{1}{2}\right)$. 那么对于一般的指数分布族, 还存在哪些截面曲率为常数的分布呢? 这个问题还没有得到解决.

例3.4 n 元正态分布定义为

$$p(x;\mu,P) = \frac{1}{(2\pi)^{\frac{n}{2}}\sqrt{\det(P)}}\exp\left\{-\frac{(x-\mu)^{\mathrm{T}}P^{-1}(x-\mu)}{2}\right\},$$

其中 μ 是均值, P 是协方差矩阵, 而且为正定的.

为将 n 元正态分布表示成指数分布族形式, 现在做如下整理:

$$\begin{aligned}\log p(x;\mu,P) &= -\frac{1}{2}\left\{(x-\mu)^{\mathrm{T}}P^{-1}(x-\mu)\right\} - \log\left\{(2\pi)^{\frac{n}{2}}\sqrt{\det(P)}\right\} \\ &= -\frac{1}{2}x^{\mathrm{T}}P^{-1}x + x^{\mathrm{T}}P^{-1}\mu - \frac{1}{2}\mu^{\mathrm{T}}P^{-1}\mu - \frac{n}{2}\log(2\pi) - \frac{1}{2}\log\det(P) \\ &= \mathrm{tr}\left(-\frac{1}{2}xx^{\mathrm{T}}P^{-1}\right) + x^{\mathrm{T}}P^{-1}\mu - \frac{1}{2}\mu^{\mathrm{T}}P^{-1}\mu - \frac{n}{2}\log(2\pi) - \frac{1}{2}\log\det(P).\end{aligned}$$

取参数 $(\theta^1,\theta^2) = \left(P^{-1}\mu, P^{-1}\right)$, 有

$$\mu^{\mathrm{T}}P^{-1}\mu = \mu^{\mathrm{T}}\theta^1 = \left(P^{-1}\mu\right)^{\mathrm{T}}(P^{-1})^{-1}\theta^1 = (\theta^1)^{\mathrm{T}}(\theta^2)^{-1}\theta^1,$$

以及

$$\log\det(P) = -\log\det(P)^{-1} = -\log\det\left(P^{-1}\right) = -\log\det\left(P^{-1}\right) = -\log\det(\theta^2),$$

进而有

$$\log p(x;\mu,P) = \mathrm{tr}\left(-\frac{1}{2}xx^{\mathrm{T}}\theta^2 + x^{\mathrm{T}}\theta^1\right) - \psi(\theta),$$

其中势函数为

$$\psi(\theta) = \frac{1}{2}\left((\theta^1)^{\mathrm{T}}(\theta^2)^{-1}\theta^1 - \log\det(\theta^2) + n\log(2\pi)\right).$$

注3.9 对于概率密度函数, 从把它化为指数分布族形式的过程可以看出, 其势函数不是唯一的.

例3.5(混合分布族) 分布族称为混合分布族, 如果它的概率密度函数满足

$$p(x;\theta) = \sum_{i=1}^{n}\theta^i p_i(x) + \left(1 - \sum_{i=1}^{n}\theta_i\right)p_0(x),$$

其中 $p_0(x), p_1(x), \cdots, p_n(x)$ 是线性无关的, $0 < \theta_i < 1$.

在局部坐标系 θ 下, 直接计算可得

$$\Gamma_{ijk}^{(\alpha)} = -\frac{1+\alpha}{2}T_{ijk},$$

故混合分布族流形 $M = \{p(x;\theta)\}$ 是 -1-平坦的, 因而也是 1-平坦的.

注3.10 迄今为止, 仅有 $\alpha = \pm 1$ 时, 其对应的几何结构获得了很好的应用.

下面介绍信息几何中非常重要的两个概念: 散度和投影.

在光滑流形 M 上, 如果存在光滑函数 D 满足

$$D : M \times M \to \mathbb{R},$$

对于任意 $p, q \in M$, $D(p,q) \geqslant 0$, 并且 $D(p,q) = 0$ 当且仅当 $p = q$, 称 D 为 M 上的散度.

散度是一个近似的距离函数, 它只满足距离函数定义中的非负性, 并不满足对称性和三角不等式. 人们可以定义出各种散度, 这里仅仅利用势函数来定义散度. 首先给出对偶平坦流形的定义.

定义3.3 关于对偶联络 ∇ 和 ∇^* 均平坦的流形 (M, g, ∇, ∇^*) 称为对偶平坦的流形.

定理3.1 在对偶平坦的黎曼流形 (M, g, ∇, ∇^*) 上, 存在对偶坐标系 (θ, η) 及对偶势函数 $\psi(\theta)$, $\phi(\eta)$, 满足

$$\begin{aligned}
&g_{ij} = \frac{\partial^2}{\partial\theta^i \partial\theta^j}\psi(\theta), \quad g^{ij} = \frac{\partial^2}{\partial\eta_i \partial\eta_j}\phi(\eta),\\
&\eta_i = \frac{\partial}{\partial\theta^i}\psi(\theta), \quad \theta^i = \frac{\partial}{\partial\eta_i}\phi(\eta),\\
&\psi(\theta) + \phi(\eta) - \theta \cdot \eta = 0,\\
&D(p,q) = \psi(\theta_p) + \phi(\eta_q) - \theta_p \cdot \eta_q \geqslant 0.
\end{aligned}$$

注3.11 既然对偶平坦的流形具有很好的性质, 那么什么样的流形是对偶平坦的呢? 指数分布族以及混合分布族关于对偶联络 $\nabla^{(1)}$ 和 $\nabla^{(-1)}$ 是对偶平坦的. 这已经很幸运了, 因为许多常见的分布都属于指数分布族. 问题是除此之外我们还能找到多少其他的对偶平坦的流形?

注3.12 给定凸函数 $f(x^1, x^2, \cdots, x^n)$, 由 Legendre 变换可得函数

$$g(y_1, y_2, \cdots, y_n) = x^i y_i - f(x^1, x^2, \cdots, x^n),$$

其中 $y_i = \dfrac{\partial f(x^1, x^2, \cdots, x^n)}{\partial x^i}$, 可验证 $g(y_1, y_2, \cdots, y_n)$ 是凸函数, 且 f, g 是对偶势函数.

例3.6　设 $\psi(A) = -\log\det(A)$, 其中 A 是正定矩阵, 则 $\psi(A)$ 是凸函数. 该函数在解决与正定矩阵相关的问题时起到很大作用.

在统计流形 M 上, 引入 Kullback-Leibler 散度定义任意两点之间的距离

$$K(p,q) = E_p\left[\log\frac{p(x)}{q(x)}\right] = \int p(x)\log\frac{p(x)}{q(x)}\,\mathrm{d}x,$$

其中 $p(x)$ 和 $q(x)$ 为概率密度函数.

注3.13　对于非随机的情形, 一般不能使用 Kullback-Leibler 散度来定义流形上两点之间的距离.

例3.7　设带有零均值的 n 元正态分布族的概率密度函数为

$$p(x;P) = \frac{1}{(2\pi)^{\frac{n}{2}}\sqrt{\det(P)}}\exp\left\{-\frac{1}{2}x^{\mathrm{T}}P^{-1}x\right\},$$

其中 P 为协方差矩阵. 取 $r(x) = -\dfrac{1}{2}xx^{\mathrm{T}}$, $\theta = P^{-1}$, 由例 3.4 可知上述概率密度函数可以表示成

$$p(x;\theta) = \exp\left\{\mathrm{tr}(\theta r(x)) - \psi(\theta)\right\},$$

其中 $\psi(\theta)$ 是势函数.

利用指数分布族形式, 经计算可得

$$\begin{aligned}K(p,q) &= \int p(x;P)\log\frac{p(x;P)}{p(x;Q)}\,\mathrm{d}x\\&=\frac{1}{2}\left(\mathrm{tr}(Q^{-1}P) + \log\det(Q) - \log\det(P) - n\right),\end{aligned}$$

其中点 $p,q \in M$ 分别对应于概率密度函数 $p = p(x;P)$ 和 $q = p(x;Q)$, P,Q 为协方差矩阵.

可将 $p(x;P)$ 和 $p(x;Q)$ 分别表示为指数分布族形式, 即

$$p(x;P) = p(x;\theta_p) = \exp\left\{\mathrm{tr}(\theta_p r(x)) - \psi(\theta_p)\right\},$$

$$p(x;Q) = p(x,\theta_q) = \exp\left\{\mathrm{tr}(\theta_q r(x)) - \psi(\theta_q)\right\}.$$

利用公式

$$\frac{\partial\det(W)}{\partial W} = \det(W)\left(W^{-1}\right)^{\mathrm{T}},$$

则有

$$\begin{aligned}\frac{\partial\psi(\theta_p)}{\partial\theta_p} &= -\frac{1}{2}\frac{\partial\log\det(\theta_p)}{\partial\theta_p}\\ &= -\frac{1}{2}\frac{\partial\log\det\left(P^{-1}\right)}{\partial P^{-1}}\\ &= -\frac{1}{2}\frac{1}{\det\left(P^{-1}\right)}\frac{\partial\det\left(P^{-1}\right)}{\partial P^{-1}}\\ &= -\frac{1}{2}P.\end{aligned}$$

同理可得

$$\frac{\partial\psi(\theta_q)}{\partial\theta_q} = -\frac{1}{2}Q.$$

另一方面, 利用

$$\frac{\partial}{\partial\theta_p}\log p(x;\theta_p) = r(x) - \frac{\partial\psi(\theta_p)}{\partial\theta_p}$$

和

$$\int\frac{\partial}{\partial\theta_p}\log p(x;\theta_p)p(x;\theta_p)\,\mathrm{d}x = 0,$$

我们得到

$$\begin{aligned}\int r(x)p(x;\theta_p)\,\mathrm{d}x &= \frac{\partial\psi(\theta_p)}{\partial\theta_p} = -\frac{1}{2}P,\\ \int r(x)p(x;\theta_q)\,\mathrm{d}x &= \frac{\partial\psi(\theta_q)}{\partial\theta_q} = -\frac{1}{2}Q.\end{aligned}$$

下面开始计算 p,q 两点之间的 Kullback-Leibler 散度.

$$\begin{aligned}K(p,q) &= \int\left[p(x;\theta_p)\log\frac{p(x;\theta_p)}{p(x;\theta_q)}\right]\mathrm{d}x\\ &= \int p(x;\theta_p)\left[\mathrm{tr}(\theta_p r(x)) - \psi(\theta_p) - \mathrm{tr}(\theta_q r(x)) + \psi(\theta_q)\right]\mathrm{d}x\\ &= \mathrm{tr}\left(\theta_p\int p(x;\theta_p)r(x)\,\mathrm{d}x\right) - \psi(\theta_p) - \mathrm{tr}\left(\theta_q\int p(x;\theta_p)r(x)\,\mathrm{d}x\right) + \psi(\theta_q)\\ &= \mathrm{tr}\left(\theta_p\left(-\frac{1}{2}P\right)\right) - \mathrm{tr}\left(\theta_q\left(-\frac{1}{2}P\right)\right) + \psi(\theta_q) - \psi(\theta_p)\\ &= \mathrm{tr}\left(P^{-1}\left(-\frac{1}{2}P\right)\right) - \mathrm{tr}\left(Q^{-1}\left(-\frac{1}{2}P\right)\right) + \frac{1}{2}\log\det(Q) - \frac{1}{2}\log\det(P)\end{aligned}$$

$$= -\frac{1}{2}n + \frac{1}{2}\operatorname{tr}\big(Q^{-1}P\big) + \frac{1}{2}\log\det(Q) - \frac{1}{2}\log\det(P)$$
$$= \frac{1}{2}\left[\operatorname{tr}\big(Q^{-1}P\big) + \log\det(Q) - \log\det(P) - n\right].$$

注3.14　交换 p, q 的顺序, 可以得到

$$K(q,p) = \frac{1}{2}\left[\operatorname{tr}\big(P^{-1}Q\big) + \log\det(P) - \log\det(Q) - n\right].$$

设 $K_s(p,q) = K(p,q) + K(q,p)$, 则有

$$\begin{aligned} K_s(p,q) =& \frac{1}{2}\left[\operatorname{tr}\big(Q^{-1}P\big) + \log\det(Q) - \log\det(P) - n\right] \\ &+ \frac{1}{2}\left[\operatorname{tr}\big(P^{-1}Q\big) + \log\det(P) - \log\det(Q) - n\right] \\ =& \frac{1}{2}\left[\operatorname{tr}\big(Q^{-1}P\big) + \operatorname{tr}\big(P^{-1}Q\big) - 2n\right]. \end{aligned}$$

注3.15　类似地, 可以计算两个非零均值的正态分布的 Kullback-Leibler 散度.

Bregman 散度[14] 作为 Kullback-Leibler 散度的推广, 具有重要的应用. 这里简单介绍 Bregman 散度的定义和相关例子. 基于凸函数, Bregman 散度可定义为如下形式.

定义3.4　设实值函数 $\phi: \Omega \to \mathbb{R}$ 是定义在凸集 $\Omega \subset \mathbb{R}^n$ 上的严格凸函数, 而且 ϕ 是连续可微的. Bregman 散度 $D_\phi: \Omega \times \Omega \to [0, \infty)$ 定义为

$$D_\phi(x,y) = \phi(x) - \phi(y) - \langle x - y, \nabla\phi(y)\rangle,$$

其中 $\nabla\phi(y)$ 表示函数 ϕ 在 y 处的梯度, $\langle\cdot,\cdot\rangle$ 为两向量之间的标准内积.

例3.8　两点之间的欧氏距离是最简单而且最广泛使用的 Bregman 散度. 函数 $\phi(x) = \langle x, x\rangle$ 是 $\mathbb{R}^n$ 中严格凸的、可微的函数, 则其对应的 Bregman 散度为

$$\begin{aligned} D_\phi(x,y) &= \langle x,x\rangle - \langle y,y\rangle - \langle x-y, \nabla\phi(y)\rangle \\ &= \langle x,x\rangle - \langle y,y\rangle - \langle x-y, 2y\rangle \\ &= \langle x-y, x-y\rangle. \end{aligned}$$

例3.9　设 p, q 是离散的概率分布, 满足 $\sum_{i=1}^n p_i = 1$, $\sum_{i=1}^n q_i = 1$, 其负熵

$$\phi(p) = \sum_{i=1}^n p_i \log_2 p_i$$

是凸函数. 其对应的 Bregman 散度是

$$\begin{aligned}D_\phi(p,q) &= \sum_{i=1}^n p_i \log_2 p_i - \sum_{i=1}^n q_i \log_2 q_i - \langle p-q, \nabla\phi(q)\rangle \\ &= \sum_{i=1}^n p_i \log_2 p_i - \sum_{i=1}^n q_i \log_2 q_i - \sum_{i=1}^n (p_i - q_i)(\log_2 q_i + \log_2 \mathrm{e}) \\ &= \sum_{i=1}^n p_i \log_2 \frac{p_i}{q_i} - (\log_2 \mathrm{e}) \sum_{i=1}^n (p_i - q_i) \\ &= (\log_2 \mathrm{e})\, K(p,q).\end{aligned}$$

此时, Bregman 散度和 Kullbak-Leibler 散度是等价的. 如果在熵的定义中用 e 做底数, 则二者完全一致.

例3.10 设 $Sym(n)$ 表示 n 阶实对称矩阵全体. 对于凸的可微实值函数

$$\phi : Sym(n) \to \mathbb{R},$$

Bregman 矩阵散度定义为

$$D_\phi(A,B) = \phi(A) - \phi(B) - \mathrm{tr}\big((\nabla\phi(B))^{\mathrm{T}}(A-B)\big),$$

其中 $A, B \in Sym(n)$.

注3.16 上面定义的散度都是非负的, 却不满足对称性和三角不等式. 但是在特殊情况下它满足下面的定理.

定理3.2 (广义毕达哥拉斯定理) 对于对偶平坦流形 (M, g, ∇, ∇^*) 上的三点 p, q, r, 假设连接 p, q 的 ∇-测地线与连接 q, r 的 ∇^*-测地线在交点 q 处正交, 则有

$$D(p,r) = D(p,q) + D(q,r).$$

考虑这样的逼近问题, 假设 N 是平坦流形 M 的一个光滑嵌入子流形, 用 N 上的点来逼近 $p \in M$. 即在散度的意义下求极小值

$$D(p, \widehat{q}) = \min_{q \in N} D(p,q)$$

通过 α-投影可以找到 $\widehat{q}$, 并且当 N 是 M 的平坦子流形时该点唯一 (图 3.1).

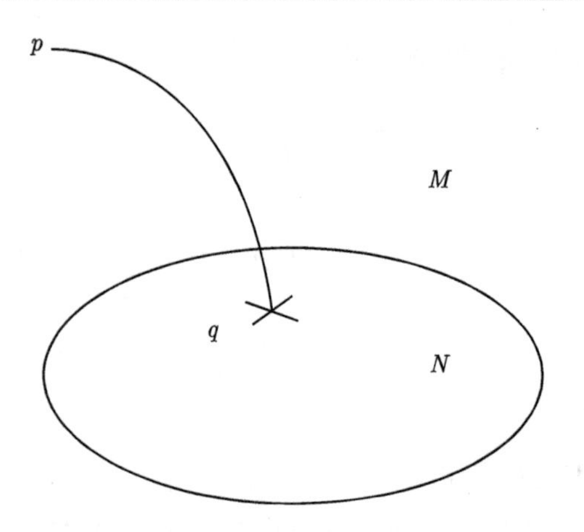

图 3.1　流形 M 上的点到流形 N 的投影

定理3.3　设 M 为 α-平坦流形, N 为其 α-平坦子流形, 则 $p \in M$ 在 N 上的最佳逼近由点 p 到 N 的 $-\alpha$-投影给出, 设此投影点为 $\widehat{q}$. 此时连接 p 和 $\widehat{q}$ 的 $-\alpha$-测地线在 $\widehat{q}$ 与 N 垂直.

3.2　带有复结构的信息几何

对于黎曼流形 (M,g), 引入复结构$J^2 = -\mathrm{id}$, 其中 J 是 $(1,1)$ 型张量场. 对于 M 上的向量场 X,Y, 当

$$g(JX, JY) = g(X,Y)$$

时, (M,g,J) 称为近 Hermite 流形. 定义满足

$$g(JX,Y) + g(X, J^*Y) = 0$$

的 $(1,1)$ 型张量场 J^*, 称这样的 (M,g,J^*) 为近 Hermite-like 流形. 可以证明

$$(J^*)^* = J, \quad (J^*)^2 = -\mathrm{id}$$

以及

$$g(JX, J^*Y) = g(X,Y).$$

定理3.4　当 J 关于仿射联络 ∇ 平行时, (M,g,∇,J) 称为 Kähler-like 统计流

形. 若 (M,g,J^*) 为近 Hermite-like 流形, 则有

$$g\left((\nabla_Z J)X,Y\right)+g\left(X,(\nabla_Z^* J^*)Y\right)=0,$$

其中 X,Y,Z 是 M 上的向量场.

证明　由 $g(JX,Y)+g(X,J^*Y)=0$, 以及对偶联络的定义 3.3, 有

$$\begin{aligned}0&=Z(g(JX,Y)+g(X,J^*Y))\\&=g(\nabla_Z(JX),Y)+g(JX,\nabla_Z^*Y)+g(\nabla_ZX,J^*Y)+g(X,\nabla_Z^*(J^*Y)).\end{aligned}$$

展开上式得

$$\begin{aligned}&g((\nabla_ZJ)X,Y)+g(J\nabla_ZX,Y)+g(JX,\nabla_Z^*Y)\\&+g(\nabla_ZX,J^*Y)+g(X,(\nabla_Z^*J^*)Y)+g(X,J^*\nabla_Z^*Y)=0.\end{aligned}$$

再由 $g(JX,Y)+g(X,J^*Y)=0$, 得

$$g(J\nabla_ZX,Y)+g(\nabla_ZX,J^*Y)=g(J\nabla_ZX,Y)-g(J\nabla_ZX,Y)=0,$$

$$g(JX,\nabla_Z^*Y)+g(X,J^*\nabla_Z^*Y)=g(JX,\nabla_Z^*Y)-g(JX,\nabla_Z^*Y)=0.$$

因此

$$g\left((\nabla_ZJ)X,Y\right)+g(X,(\nabla_Z^*J^*)Y)=0.$$

对于带有复结构的统计流形, Takano 获得了一系列成果, 给出了相应统计流形的几何结构[25, 26, 27, 28, 29]. 这些结果为人们继续研究带有复结构的统计流形的理论及其应用带来了启示.

3.3　自然梯度算法

在欧氏空间里, 当我们求目标函数的最小值时, 梯度下降算法往往是很有效的, 可是在弯曲的黎曼流形 M 上, 欧氏梯度不再是最速下降方向, 而自然梯度才可以给出最速下降方向.

若给定一个光滑函数 $f: M\to\mathbb{R}$, 以向量 $X\in T_pM$ 为方向的自然梯度 $\operatorname{grad} f$ 表示 f 沿着 X 的变化率. 也就是说, 对于给定的任意光滑曲线 $\gamma:[0,1]\to M$, 若

其满足 $\gamma(0)=p\in M$ 和 $\dot{\gamma}(0)=X$, 则自然梯度 $\operatorname{grad} f$ 是 T_pM 上唯一满足下式的切向量

$$g(X,\operatorname{grad} f)(p)=\left.\frac{\mathrm{d}}{\mathrm{d}t}\right|_{t=0} f(\gamma(t)). \tag{3.4}$$

在黎曼流形上求目标函数 $f(x(t))$ 的最小值, 一般使用自然梯度算法

$$x(t+1)-x(t)=-\eta \operatorname{grad} f(x(t))=-\eta g^{-1}\partial f(x(t)), \tag{3.5}$$

其中 g 是黎曼流形的黎曼度量, $0<\eta<1$ 是学习率, ∂f 表示 f 的欧氏梯度. 通过该迭代公式使得 $f(x(t))$ 达到最小值.

注3.17 对于不同的流形, 可以给出不同形式的自然梯度算法. 后面我们将根据不同的流形分别给出计算目标函数最小值的自然梯度算法.

参 考 文 献

[1] Amari S. Differential-Geometrical Methods in Statistics, Lecture Notes in Statistics. Berlin: Springer-Verlag, 1985.

[2] Amari S, Nagaoka H. Methods of Information Geometry, TMM 191. Oxford: Oxford University Press, 2000.

[3] Amari S. Information geometry of the EM and em algorithm for neural networks. Neural Networks, 1995, 8: 1379–1408.

[4] Amari S. Differential geometry of a parametric family of invertible linear systems–Riemannian metric, dual affine connections, and divergence. Math. Systems Theory, 1987, 20: 53–82.

[5] Amari S. Differential geometry of curved exponential families-curvatures and information loss. Ann. Statist, 1982, 10: 357–385.

[6] Amari S. Fisher information under restriction of Shannon information. Ann. Inst. Statist. Math., 1989, 41: 623–648.

[7] Amari S. Information geometry on hierarchy of probability distributions. IEEE Trans. Inf. Theory, 2001, 47: 1701–1711.

[8] Amari S. Natural gradient works efficiently in learning. Neural Comput., 1998, 10: 251–276.

[9] Amari S. Superefficiency in blind source separation. IEEE Trans. Signal Process., 1999, 47: 936–944.

[10] Amari S, Cardoso J. Blind source separation-semiparametric statistical approach. IEEE Trans. Signal Process., 1997, 45: 2692–2700.

[11] Arwini K, Dodson C T J. Neighbourhoods of randomness and geometry of McKay bivariate gamma 3-manifold. Sankhya: The Indian Journal of Statistics, 2004, 66: 213–233.

[12] Barbaresco F. Interactions between symmetric cones and information geometrics: Bruhat-Tits and Siegel spaces models for high resolution autoregressive Doppler imagery. ETCV08 Conference, Ecole Polytechnique, Nov. 2008, published by Springer in Lecture Notes in Computer Science, 2009, 5416: 124–163.

[13] Barbaresco F, Roussigny H. Innovative tools for Radar signal processing based on Cartan's geometry of SPD matrices and information geometry. IEEE International Radar Conference, 2008.

[14] Bregman L M. The relaxation method of finding the common point of convex sets and its application to the solution of problems in convex programming. USSR Comp. Math. & Math. Phys., 1967, 7: 200–217.

[15] Cafaro C, Ali S A. Jacobi fields on statistical manifolds of negative curvature. Physica D, 2007, 234: 70–80.

[16] Censor Y, Iusem A N, Zenios S A. An interior point method with Bregman functions for the variational inequality problem with paramonotone operators. Math. Program., 1998, 81: 373–400.

[17] Efron B. Defining the curvature of a statistical problem. Ann. Stat., 1975, 3: 1189–1242.

[18] Efron B. The geometry of exponential families. Ann. Stat., 1978, 6: 362–376.

[19] Jeffreys H. Theory of Probability. 3rd ed. Oxford: Clarendon Press, 1961.

[20] Kurose T. Dual connections and affine geometry. Math. Z., 1990, 203: 115–121.

[21] Li A M, Simon U, Zhao G. Global Affine Differential Geometry of Hypersurfaces. Walter de Gruyter, 1993.

[22] Ohara A, Amari S. Differential geometric structures of stable state feedback systems with dual connections. Kybernetika, 1994, 30: 369–386.

[23] Rao C R. Information and accuracy attainable in the estimation of statistical parameters. Bull. Calcutta. Math. Soc., 1945, 37: 81–91.

[24] Shen Z. Riemann-Finsler geometry with applications to information geometry. Chinese Ann. Math. B, 2006, 27: 73–94.

[25] Takano K. Exponential families admitting almost complex structures. SUT J. Math., 2010, 46: 1–21.

[26] Takano K. Statistical manifolds with almost contact structures and its statistical submersions. Tensor. New Series, 2004, 65: 128–142.

[27] Takano K. Examples of the statistical submersions on the statistical model. Tensor. New Series, 2004, 65: 170–178.

[28] Takano K. Statistical manifolds with almost contact structures and its statistical submersions. J. Geom., 2006, 85: 171–187.

[29] Takano K. Examples of the statistical manifolds with almost complex structures. Tensor. New Series, 2008, 69: 58–66.

[30] Vîlcu A D, Vîlcu G E. Statistical manifolds with almost quaternionic structures and quaternionic Kähler-like statistical submersions. Entropy, 2015, 17: 6213–6228.

[31] Zhang F, Sun H, Jiu L, et al. The arc length variational formula on the exponential manifold. Math. Slovaca, 2013, 63: 1101–1112.

[32] 甘利俊一, 長岡浩司. 情報幾何の方法. 东京: 岩波書店, 1993.

[33] Amari S. 信息几何. 孙华飞, 译. 数学译林, 2003, 112–120.

[34] 黎湘, 程永强, 王宏强, 秦玉亮. 雷达信号处理的信息几何方法. 北京: 科学出版社, 2014.

[35] 罗四维. 大规模人工神经网络理论基础. 北京: 清华大学出版社, 2005.

[36] 孙华飞, 彭林玉, 张真宁. 信息几何及其应用. 数学进展, 2011, 40: 257–269.

[37] 韦博成. 统计推断与微分几何. 北京: 清华大学出版社, 1988.

[38] 许天周, 李炳照. 线性正则变换及其应用. 北京: 科学出版社, 2013.

[39] 张贤达. 矩阵分析与应用. 北京: 清华大学出版社, 2004.

[40] 志摩裕彦. ヘッセ幾何学. 东京: 裳華房, 2001.

第 4 章　矩阵信息几何

前面介绍的是经典信息几何理论, 涉及的范围一般是随机的情形. 为了研究非随机的情形, 这里介绍矩阵信息几何的主要内容, 其中李群与李代数相关的理论在矩阵信息几何研究中发挥重要作用. 例如, 在研究盲源信号分离时涉及线性系统 $x(t) = As(t)$, 其中 A 是一个矩阵, 对于观测到的数据 x, 希望找到源信号 s; 在研究线性系统 $\dot{x}(t) = Ax(t)$ 的稳定性问题时涉及著名的 Lyapunov 方程 $A^{\mathrm{T}}P+PA+Q=0$, 对于给定的正定矩阵 Q, 如果能够找到满足 Lyapunov 方程的正定矩阵 P, 则可以判定该系统是稳定的. 这些研究可以充分利用一般线性群的子群或子流形的几何性质.

4.1　矩阵指数与对数的性质

本节简要介绍矩阵指数和矩阵对数的定义及性质 [10, 27].

定义4.1 (矩阵指数)　设 $M(n,\mathbb{F})(\mathbb{F}=\mathbb{R}$或$\mathbb{C})$ 表示数域 $\mathbb{F}$ 上 $n\times n$ 矩阵全体, 对于任意的 $A\in M(n,\mathbb{F})$, 其指数由下面的幂级数给出

$$\exp(A) := \sum_{m=0}^{\infty}\frac{1}{m!}A^m.$$

定义 4.1 中的幂级数对于任意的矩阵 A 都是收敛的. 矩阵指数是实数域或者复数域上的指数函数的推广, 它建立起了李代数和它对应的李群之间的联系.

命题4.1 (矩阵指数的性质)　设 $A,B\in M(n,\mathbb{F})$, $a,b\in\mathbb{F}$, 则下面的性质成立:

(1) $\exp(0)=I$, I 为单位矩阵;

(2) $(\exp(A))^{\mathrm{T}}=\exp(A^{\mathrm{T}})$;

(3) $(\exp(A))^{-1}=\exp(-A)$;

(4) $\exp((a+b)A)=\exp(aA)\exp(bA)$;

(5) 如果 $AB=BA$, 则有 $\exp(A+B)=\exp(A)\exp(B)=\exp(B)\exp(A)$;

(6) 如果 B 是可逆的, 则 $\exp(BAB^{-1})=B\exp(A)B^{-1}$;

(7) $\| \exp(A) \| \leqslant \exp(\| A \|)$, 其中 $\| \cdot \|$ 表示矩阵范数;

(8) $\frac{\mathrm{d}}{\mathrm{d}t}\exp(tA) = A\exp(tA) = \exp(tA)A$;

(9) $\det(\exp(A)) = \exp(\mathrm{tr}(A))$.

注4.1　任意的可逆方阵都可以表示成 $\exp(A)$ 的形式, 其中 $A \in M(n, \mathbb{F})$.

定理4.2 (Lie-Trotter 公式)　设 $A, B \in M(n, \mathbb{C})$, 则有

$$\exp(A+B) = \lim_{m\to\infty}\left(\exp\left(\frac{A}{m}\right)\exp\left(\frac{B}{m}\right)\right)^m.$$

定义4.2 (矩阵对数)　定义矩阵对数为矩阵指数的逆: 矩阵 B 是矩阵 A 的对数当且仅当

$$A = \exp(B),$$

记作 $B = \log(A)$.

注4.2　在复数域上, 当矩阵 A 为可逆矩阵时, 矩阵对数 $\log(A)$ 存在但不一定唯一. 在实数域上, 矩阵对数存在当且仅当它可逆而且所有的特征值为负的 Jordan 块出现偶数次.

注4.3　当 $\| A - I \| < 1$ 时, 对数函数有以下的幂级数展开

$$\log(A) = \sum_{m=1}^{\infty}(-1)^{m+1}\frac{(A-I)^m}{m}.$$

定义4.3 (Baker-Campbell-Hausdorff 公式)　矩阵方程

$$Z = \log(\exp(A)\exp(B))$$

的解称为 Baker-Campbell-Hausdorff(BCH) 公式. 它的一般形式的前几项为

$$\log(\exp(A)\exp(B)) = A + B + \frac{1}{2}[A,B] + \frac{1}{12}[A,[A,B]] + \frac{1}{12}[B,[B,A]] + \cdots. \tag{4.1}$$

定义4.4　称 $A: \mathbb{R} \to GL(n, \mathbb{C})$ 是 $GL(n, \mathbb{C})$ 的单参数子群, 如果 A 是连续的, 而且

(1) $A(0) = I$;

(2) $A(t+s) = A(t)A(s), \quad t, s \in \mathbb{R}$.

定理4.3 设 $\gamma:(a,b)\to GL(n,\mathbb{R})$ 为 $GL(n,\mathbb{R})$ 的单参数子群, 则存在 $X\in T_IGL(n,\mathbb{R})$, 使得 $\gamma(t)=\exp(tX)$.

证明 设 $\sigma(t)=\log(\gamma(t))$, 则 σ 是单位元处的切空间上的一条曲线, 而且

$$\gamma(t)=\exp(\sigma(t)).$$

设 $\sigma'(0)=X$, 我们需要证明 $\sigma(t)$ 是切空间中通过 0 点的一条直线, 即 $\sigma(t)=tX$.

事实上, 对于固定的 t,

$$\begin{aligned}\sigma'(t)&=\lim_{s\to0}\frac{\sigma(t+s)-\sigma(t)}{s}\\&=\lim_{s\to0}\frac{\log(\gamma(t+s))-\log(\gamma(t))}{s}\\&=\lim_{s\to0}\frac{\log(\gamma(t)\gamma(s))-\log(\gamma(t))}{s}.\end{aligned}$$

注意到 γ 是单参数子群使得 $\gamma(t)$ 和 $\gamma(s)$ 乘积可交换, 所以

$$\log(\gamma(t)\gamma(s))=\log(\gamma(t))+\log(\gamma(s)).$$

因此

$$\sigma'(t)=\lim_{s\to0}\frac{\log(\gamma(s))}{s}=\sigma'(0).$$

这表明 $\sigma'(t)$ 不依赖于 t, 而且 $\sigma'(t)=\sigma'(0)=X$. 又因为 $\sigma(0)=0$, 于是 $\sigma(t)=tX$, 因此 $\gamma(t)=\exp(tX)$. □

注4.4 对于 $GL(n,\mathbb{C})$ 上的单参数子群, 可以得到类似的结果.

4.2 李群与李代数的基本内容

本节简要介绍李群和李代数的定义和性质 [10, 11, 25, 26, 27].

定义4.5 群 G 满足以下条件时称为李群:

(1) G 是光滑流形;

(2) 群 G 的乘法和逆运算是光滑映射.

简单地说, 李群就是带有群结构的微分流形.

例4.1 $\mathbb{R}^n$ 关于向量加法构成一个 n 维李群, 它是一个交换李群.

例4.2　一维环面 $T^1 = S^1$ 是一维光滑李群. 事实上, 设 $S^1 = \left\{e^{2\pi it}\right\}$, 其上面的乘法定义为

$$e^{2\pi it} \cdot e^{2\pi is} = e^{2\pi i(t+s)}, \quad (e^{2\pi it})^{-1} = e^{-2\pi it}.$$

显然, 乘法和取逆运算都是光滑的, 它也是一个交换李群.

可以证明 n 维环面 $T^n = S^1 \times S^1 \times \cdots \times S^1$ 也是一个光滑李群.

例4.3　球面 S^n 中只有 S^0, S^1 和 S^3 是李群, 其中 S^3 是四元数空间

$$\mathbb{H} = \{x = a + ib + jc + kd\}$$

中的单位球面, a, b, c, d 是实数, $1, i, j, k$ 是 $\mathbb{H}$ 的基底, 满足下列性质:

$$i^2 = j^2 = k^2 = -1,$$

$$ij = -ji = k, \quad jk = -kj = i, \quad ki = -ik = j.$$

例4.4　一般线性群 $GL(n, \mathbb{R}) = \{A \in M(n, \mathbb{R}) | \det A \neq 0\}$ 在矩阵乘法下是一个李群.

事实上, 首先它是一个微分流形. 设 $A = (a_{ij}) \in GL(n, \mathbb{R})$, 定义映射

$$\phi(A) = (a_{11}, a_{12}, \cdots, a_{1n}, a_{21}, a_{22}, \cdots, a_{2n}, \cdots, a_{n1}, a_{n2}, \cdots, a_{nn}).$$

显然 ϕ 是 $GL(n, \mathbb{R})$ 到 $\mathbb{R}^{n^2}$ 的一一对应. 对于 $GL(n, \mathbb{R})$ 的一个开集 U, $\phi(U)$ 是 $\mathbb{R}^{n^2}$ 的开集 (因为函数 $f = \det : M(n, \mathbb{R}) \to \mathbb{R}$ 是连续的, 既然 $\mathbb{R} - \{0\}$ 是 $\mathbb{R}$ 的一个开集, 可知 $f^{-1}(\mathbb{R} - \{0\}) = GL(n, \mathbb{R})$ 是 $\mathbb{R}^{n^2}$ 的一个开集), 故 ϕ 是 $GL(n, \mathbb{R})$ 到 $\mathbb{R}^{n^2}$ 上的一个同胚, $(U, \phi(U))$ 是 $GL(n, \mathbb{R})$ 的覆盖坐标卡, 故 $GL(n, \mathbb{R})$ 是一个 n^2 维的微分流形.

接下来证明 $GL(n, \mathbb{R})$ 上矩阵乘法的光滑性. 取 $GL(n, \mathbb{R})$ 中的两个元素 $A = (a_{ij})$ 和 $B = (b_{ij})$, 其乘法 AB 的元素记为 $(AB)_{ij} = \sum\limits_k a_{ik} b_{kj}$, 矩阵的逆元为 $\left(A^{-1}\right)_{ij} = \widetilde{A_{ij}} / \det(A)$, 其中 $\widetilde{A_{ij}}$ 为 $\det(A)$ 中元素 a_{ij} 的代数余子式. 显然, $GL(n, \mathbb{R})$ 上的乘法和逆运算都是光滑的, 故 $GL(n, \mathbb{R})$ 是 n^2 维的李群.

下面介绍一些常见的矩阵李群, 它们都是一般线性群 $GL(n, \mathbb{R})$ 或者复数域上的一般线性群 $GL(n, \mathbb{C}) = \{A \in M(n, \mathbb{C}) \,|\, \det(A) \neq 0\}$ 的子群. 为了简单起见,

在表 4.1 中用 $\mathbb{F}$ 表示数域, 它是 $\mathbb{R}$ 或者 $\mathbb{C}$. 在很多情形下, 如果某矩阵李群在实数域和复数域上皆存在, 并且没有特别指明数域类型, 我们默认为实数域, 比如 $SO(n)=SO(n,\mathbb{R})$. 在表 4.1 中, A^{H} 为复矩阵 A 的共轭转置. 另外, 定义反对称矩阵 J 为

$$J=\begin{pmatrix} 0 & I_n \\ -I_n & 0 \end{pmatrix}.$$

表 4.1 矩阵李群

特殊线性群	$SL(n,\mathbb{F})=\{A\in GL(n,\mathbb{F}) \mid \det(A)=1\}$
正交群	$O(n,\mathbb{F})=\{A\in GL(n,\mathbb{F}) \mid A^{\mathrm{T}}A=I\}$
特殊正交群	$SO(n,\mathbb{F})=SL(n,\mathbb{F})\cap O(n,\mathbb{F})$
酉群	$U(n)=\{A\in GL(n,\mathbb{C}) \mid A^{\mathrm{H}}A=I\}$
特殊酉群	$SU(n)=\{A\in U(n) \mid \det(A)=1\}$
辛群	$Sp(2n,\mathbb{F})=\{A\in GL(2n,\mathbb{F}) \mid A^{\mathrm{T}}JA=J\}$
特殊辛群	$Sp(n)=U(2n)\cap Sp(2n,\mathbb{C})$
欧几里得群	$E(n)=O(n)\ltimes\mathbb{R}^n=\left\{\begin{pmatrix} A & d \\ 0 & 1\end{pmatrix} \middle\vert A\in O(n), d\in\mathbb{R}^n\right\}$
特殊欧几里得群	$SE(n)=SO(n)\ltimes\mathbb{R}^n$

注4.5 对于表 4.1 中的各种群, 在使用时要注意它们的几何和拓扑性质, 特别是它们作为流形时的曲率以及连通性、紧性和完备性等. 我们将在 4.3 节更详细地展开.

定义4.6 设 G_1,G_2 为两个李群, 在乘积流形 $G_1\times G_2$ 上定义乘法如下: 对于任意的 $(a_1,a_2),(b_1,b_2)\in G_1\times G_2$, 定义 $(a_1,a_2)\cdot(b_1,b_2)=(a_1b_1,a_2b_2)$, 则逆元为 $(a_1,a_2)^{-1}=\left(a_1^{-1},a_2^{-1}\right)$, 单位元是 $(1,1)$. 称 $G_1\times G_2$ 为李群 G_1 与 G_2 的直积, 且

$$\dim(G_1\times G_2)=\dim G_1+\dim G_2.$$

下面介绍李代数的概念.

定义4.7 (李代数) 设 $\mathfrak{g}$ 是实 (复) 数域上的 n 维线性空间, 在 $\mathfrak{g}$ 上定义一个括号运算 $[\cdot,\cdot]:\mathfrak{g}\times\mathfrak{g}\to\mathfrak{g}$, 即对于任意的 $X,Y\in\mathfrak{g}$, 存在 $[X,Y]\in\mathfrak{g}$, 使得对于任意的实 (复) 数 λ_1,λ_2, 以及 $X,Y,Z\in\mathfrak{g}$, 运算 $[\cdot,\cdot]$ 满足下面的性质:

(1) 线性性, 即 $[\lambda_1 X+\lambda_2 Y, Z]=\lambda_1[X, Z]+\lambda_2[Y, Z]$;

(2) 反对称性, 即 $[X, Y]=-[Y, X]$;

(3) Jacobi 恒等式, 即 $[X,[Y, Z]]+[Y,[Z, X]]+[Z,[X, Y]]=0$.

称满足这样性质的线性空间 $\mathfrak{g}$ 为李代数, 其上的运算 $[\cdot,\cdot]$ 称为李括号.

例4.5　设 $\mathfrak{g}=\mathbb{R}^3$, 定义 $[v_1, v_2]=v_1 \times v_2$, 其中 $\times$ 表示向量的外积, 则 $\mathfrak{g}$ 是李代数. 线性性和反对称性可以简单地验证, 下面验证 Jacobi 恒等式

$$
\begin{aligned}
& [v_1,[v_2, v_3]]+[v_2,[v_3, v_1]]+[v_3,[v_1, v_2]] \\
= & v_1 \times(v_2 \times v_3)+v_2 \times(v_3 \times v_1)+v_3 \times(v_1 \times v_2) \\
= & (v_3 \cdot v_1) v_2-(v_2 \cdot v_1) v_3+(v_2 \cdot v_1) v_3-(v_3 \cdot v_2) v_1+(v_3 \cdot v_2) v_1-(v_1 \cdot v_3) v_2 \\
= & 0 .
\end{aligned}
$$

定义4.8　对于李群 G 上的元素 g, 定义左移动

$$
\begin{aligned}
L_g: G & \rightarrow G \\
h & \mapsto L_g h=g h, \quad h \in G .
\end{aligned}
$$

向量场 X 称为左不变的, 如果它满足

$$
(L_g)_* X=X . \tag{4.2}
$$

式 (4.2) 等价于

$$
(L_g)_* X_h=X_{g h},
$$

其中 $h \in G$, $X_h \in T_h G$, $X_{g h} \in T_{g h} G$.

定理4.4　李群 G 在其单位元 e 处的切空间 $T_e G$ 与左不变向量场全体 $\mathfrak{g}$ 同构.

定义 $\mathfrak{g}$ 上的李括号 $[X, Y]=X Y-Y X$, 则 $\mathfrak{g}$ 称为李群 G 的李代数. 例如, 一般线性群 $G L(n, \mathbb{R})$ 的李代数是 $n \times n$ 实矩阵全体 $M(n, \mathbb{R})$.

命题4.5　设 $\mathfrak{g}$ 为矩阵李群 G 对应的李代数. 对于任意的 $X \in \mathfrak{g}$ 和 $A \in G$, 有 $A X A^{-1} \in \mathfrak{g}$.

证明　事实上, 由于 $\exp(t A X A^{-1})=A \exp(t X) A^{-1} \in G$, 故 $A X A^{-1}$ 属于李代数 g. □

定理4.6　设 G, H 是矩阵李群, $\mathfrak{g}, \mathfrak{h}$ 分别是它们的李代数. 设 $\Phi: G \to H$ 是李群同态, 则存在唯一的线性映射 $\phi: \mathfrak{g} \to \mathfrak{h}$, 对于所有的 $X, Y \in \mathfrak{g}$ 和 $A \in G$, 满足

$$\Phi(\exp(X)) = \exp(\phi(X)),$$

以及下面的性质:

(1) $\phi(AXA^{-1}) = \Phi(A)X\Phi(A^{-1})$;

(2) $\phi([X, Y]) = [\phi(X), \phi(Y)]$;

(3) $\phi(X) = \left.\dfrac{\mathrm{d}}{\mathrm{d}t}\right|_{t=0} \Phi(\exp(tX))$.

注4.6　定理 4.6 中的性质 2 说明 ϕ 为李代数同态. 上面定理表明: 李群间的同态诱导了唯一的李代数间的同态. 反之, 如果李群 G 是单连通的, 则李代数之间的同态可以诱导唯一的李群同态.

定义4.9 (伴随映射)　设 G 是矩阵李群, $\mathfrak{g}$ 是它的李代数. 对于任意的 $A \in G$, 伴随映射定义为 $\mathrm{Ad}_A: \mathfrak{g} \to \mathfrak{g}$,

$$\mathrm{Ad}_A X = AXA^{-1}.$$

对于任意的 $A \in G, X, Y \in \mathfrak{g}$, 不难证明

$$\mathrm{Ad}_A[X, Y] = [\mathrm{Ad}_A X, \mathrm{Ad}_A Y].$$

注意到 $\mathrm{Ad}: G \to GL(\mathfrak{g})$, 由李群同态和李代数同态的关系, 定义唯一的满足以下恒等式的映射 $\mathrm{ad}: \mathfrak{g} \to \mathfrak{gl}(\mathfrak{g})$,

$$\mathrm{Ad}_{\exp(X)} = \exp(\mathrm{ad}_X),$$

其中 Ad 为群同态, ad 为李代数同态.

定理4.7　设 G 是矩阵李群, $\mathfrak{g}$ 是它的李代数, 则对于所有的 $X, Y \in \mathfrak{g}$, 有

$$\mathrm{ad}_X Y = [X, Y].$$

证明　由定理 4.6 中的性质 3 可知

$$\begin{aligned}\mathrm{ad}_X Y &= \left.\frac{\mathrm{d}}{\mathrm{d}t}\right|_{t=0} \mathrm{Ad}_{\exp(tX)} Y = \left.\frac{\mathrm{d}}{\mathrm{d}t}\right|_{t=0} (\exp(tX)Y\exp(-tX)) \\ &= XY - YX = [X, Y].\end{aligned}$$

□

命题4.8　对于任意的 $X, Y \in \mathfrak{g}$, 有 $\mathrm{ad}_{[X,Y]} = [\mathrm{ad}_X, \mathrm{ad}_Y]$.

证明　对于任意的 $X, Y, Z \in \mathfrak{g}$, 利用 Jacobi 恒等式可得

$$\begin{aligned}\mathrm{ad}_{[X,Y]}\, Z &= [[X,Y],Z]\\ &= -[[Y,Z],X] - [[Z,X],Y]\\ &= -[\mathrm{ad}_Y\, Z, X] + [\mathrm{ad}_X\, Z, Y]\\ &= \mathrm{ad}_X(\mathrm{ad}_Y\, Z) - \mathrm{ad}_Y(\mathrm{ad}_X\, Z)\\ &= [\mathrm{ad}_X, \mathrm{ad}_Y]Z,\end{aligned}$$

故命题成立. □

命题4.9　利用指数映射的定义, 对于任意的 $X, Y \in \mathfrak{g}$, 有

(1) $\exp(tX)\exp(tY) = \exp\left(t(X+Y) + \dfrac{t^2}{2}[X,Y] + o(t^2)\right)$;

(2) $\exp(tX)\exp(tY)\exp(-tX)\exp(-tY) = \exp\left(t^2[X,Y] + o(t^2)\right)$.

定义4.10 (Cartan-Killing 形式)　对于任意的 $X, Y \in \mathfrak{g}$, 定义

$$B(X,Y) := \mathrm{tr}(\mathrm{ad}_X\, \mathrm{ad}_Y),$$

称它为 Cartan-Killing 形式.

显然 Cartan-Killing 形式是对称的和双线性的, 但是它不满足非退化性, 其符号也是不定的. 然而在特殊情况下, 它仍有较好的性质:

(1) Cartan-Killing 形式是不变形式, 即满足结合律

$$B([X,Y],Z) = B(X,[Y,Z]);$$

(2) 如果 $\mathfrak{g}$ 是一个单李代数①, 则 $\mathfrak{g}$ 上任意的不变形式都成比例关系;

(3) 李代数 $\mathfrak{g}$ 是半单李代数② 当且仅当其 Cartan-Killing 形式非退化;

(4) Cartan-Killing 形式在李代数 $\mathfrak{g}$ 的自同构 ϕ 下不变, 即

$$B(\phi(X), \phi(Y)) = B(X,Y).$$

①单李代数为理想只有零和本身的非阿贝尔群.

②半单李代数是指能表示为单李代数的直和的李代数.

例4.6 设 $A \in G$, 则伴随映射 $\mathrm{Ad}_A : \mathfrak{g} \to \mathfrak{g}$ 为其李代数 $\mathfrak{g}$ 上的自同构映射. 当 G 为一般线性群 $GL(n, \mathbb{R})$ 时, 取 $A = \exp(tZ)$, 其中 $Z \in \mathfrak{g}$, 则对于任意的 $X, Y \in \mathfrak{g}$, 有

$$B\left(\mathrm{Ad}_{\exp(tZ)} X, \mathrm{Ad}_{\exp(tZ)} Y\right) = B(X, Y).$$

对其关于 t 求导并令 $t = 0$ 可得

$$B([Z, X], Y) + B(X, [Z, Y]) = 0.$$

此式与 Cartan-Killing 形式所满足的结合律等价.

例4.7 在表 4.2 中, 我们列举一些常见的矩阵群上的 Cartan-Killing 形式. 右侧为左侧 (表 4.1 中李群的) 李代数所对应的 Cartan-Killing 形式, 其中 $X, Y \in \mathfrak{g}$.

表 4.2 Cartan-Killing 形式

$\mathfrak{gl}(n, \mathbb{R})$	$2n\,\mathrm{tr}(XY) - 2\,\mathrm{tr}(X)\,\mathrm{tr}(Y)$
$\mathfrak{sl}(n, \mathbb{R})$	$2n\,\mathrm{tr}(XY)$
$\mathfrak{so}(n, \mathbb{R})$	$(n-2)\,\mathrm{tr}(XY)$
$\mathfrak{su}(n)$	$2n\,\mathrm{tr}(XY)$
$\mathfrak{sp}(2n, \mathbb{R})$	$(2n+2)\,\mathrm{tr}(XY)$
$\mathfrak{sp}(2n, \mathbb{C})$	$(2n+2)\,\mathrm{tr}(XY)$

设 $\Omega^n(G)$ 是李群 G 上的 n 次微分形式的全体, 介绍如下定义和性质.

定义4.11 设 G 是李群, $\omega \in \Omega^1(G)$. 若对于任意的 $g \in G$ 都有

$$(L_g)^* \omega = \omega,$$

则称 ω 是 G 上的左不变一次微分形式, 其中 $(L_g)^*\omega(X) = \omega((L_g)_* X)$, $X \in \mathfrak{X}(G)$.

可以证明, $\omega \in \Omega^1(G)$ 是 G 上的左不变微分形式的充要条件是 ω 在 G 的任意的左不变向量场上的作用是常数.

定义4.12 设 $\omega \in \Omega^2(G)$ 是二次微分形式, 如果

$$(L_g)^* \omega = \omega, \tag{4.3}$$

则称 ω 为 G 上的左不变的二次微分形式.

由定义 $(L_g)^*\omega(X,Y)=\omega((L_g)_*X,(L_g)_*Y)$, 并结合定义 4.12, 可以得到下面的等式

$$\omega(X_h,Y_h)_h=\omega((L_g)_*X_h,(L_g)_*Y_h)_{L_gh}=\omega((L_g)_*X_h,(L_g)_*Y_h)_{gh}.$$

如果记 $\omega(X,Y)=\langle X,Y\rangle$ 为一黎曼度量, 则有

$$\langle X_h,Y_h\rangle_h=\langle (L_g)_*X_h,(L_g)_*Y_h\rangle_{gh}.$$

取 $g=h^{-1}$, 可以得到

$$\langle X_h,Y_h\rangle_h=\langle (L_{h^{-1}})_*X_h,(L_{h^{-1}})_*Y_h\rangle_e.$$

命题4.10　设 G 是李群, g 是 G 的左不变度量, 则对于任意的向量场 $X,Y\in\mathfrak{X}(G)$, 有 $g_x(X_x,Y_x)$ 为常数, 其中 $x\in G$.

证明　设 $L_x:G\to G$ 为左移动, X 是满足 $(L_x)_*X=X$ 的左不变向量场, g 是满足 $(L_x)^*g=g$ 的左不变度量, 则对于任意的 $y\in G$, 有

$$g_y(X_y,Y_y)=g_{L_xy}((L_x)_*X_y,(L_x)_*Y_y)=g_{xy}(X_{xy},Y_{xy}).$$

取 $x=y^{-1}$, 得到

$$g_e(X_e,Y_e)=g_y(X_y,Y_y),$$

所以 $g_y(X_y,Y_y)$ 是常数. □

定义4.13 (李变换群)　设 M 是一个光滑流形, G 是李群, 如果 $\Psi:G\times M\to M$ 是光滑映射, 记为

$$\Psi(g,x)=g\circ x,$$

使得

(1) 对于任意的 $x\in M$, $e\circ x=x$;

(2) 对于任意的 $x\in M$, $g,h\in G$, $g\circ(h\circ x)=(gh)\circ x$,

则称 G 是左作用在 M 上的李变换群.

类似地, 可以定义右作用在 M 上的李变换群.

定义4.14　设 G 是左作用在光滑流形 M 上的李变换群, 如果对于 G 中任意的一个非单位元 g, 都有 $g\circ x\neq x,\forall x\in G$, 称 G 在 M 上的作用是有效的.

定义4.15 设 G 是左作用在光滑流形 M 上的李变换群, 如果对于 G 中任意的一个非单位元 g, 光滑同胚 $L_g : M \to M$ 都没有不动点, 即, 对于任意的 $x \in M$, 都有 $L_g x = g \circ x \neq x$, 则称 G 在 M 上的作用是自由的 (或称 G 在 M 上的作用没有不动点).

李群 G 在光滑流形 M 上的自由作用一定是有效的.

命题4.11 设 G 是左作用在光滑流形 M 上的李变换群, 令

$$K_x = \{g \in G \mid g \circ x = x, \forall x \in M\},$$

称 K_x 是 G 的闭正规子群.

命题4.12 设 G 是左作用在光滑流形 M 上的李变换群, 如果 G 在 M 上的作用不是有效的, 即 $K \neq \{e\}$, 则可以定义商李群 G/K 在光滑流形 M 上的左作用, 且该作用是有效的.

定义4.16 设 G 是左作用在光滑流形 M 上的李变换群, 如果对于任意的 $x, y \in M$, 都存在 $g \in G$, 使得 $y = g \circ x$, 则称 G 在 M 上的作用是可迁的.

定义4.17 设 M 是光滑流形, 如果有李群 G, 使得 G 是可迁地作用在 M 上的李变换群, 则称 M 是一个齐性空间.

定理4.13 设光滑流形 M 是齐性空间, G 是可迁地作用在 M 上的李变换群. 取一点 $x \in M$, 定义

$$H = \{g \in G \mid g \circ x = x\},$$

则 H 是 G 的闭子群, 并且 M 与光滑流形 G/H 是光滑同胚的. 该闭子群称为变换群 G 关于基点 $x \in M$ 的迷向群.

4.3 矩阵信息几何的拓扑

在信息几何的研究中, 有时会涉及矩阵群的连续性、连通性、紧性以及完备性等性质 [23, 24].

定义4.18 设 M, N 是两个拓扑空间, 映射 $f : M \to N$ 称为连续的, 如果 N 中开集 U 的原像 $f^{-1}(U)$ 是 M 中的开集.

定义4.19　设 M, N 是两个度量空间, 映射 $f : M \to N$ 称为连续的, 如果对于任意的 $x \in M$, 当极限 $\lim_{m\to\infty} x_m = x$ 时, 有 $\lim_{m\to\infty} f(x_m) = f(x)$.

例4.8　映射

$$f : M(n, \mathbb{F}) \to M(n, \mathbb{F}),$$

$$A \mapsto A^{\mathrm{H}}$$

是连续的, 其中 $\mathbb{F}$ 是实数域 $\mathbb{R}$、复数域 $\mathbb{C}$ 或者四元数域 $\mathbb{H}$, $M(n, \mathbb{F})$ 是 $\mathbb{F}$ 上的 $n \times n$ 矩阵全体, A^{H} 表示矩阵 A 的共轭转置.

证明　首先, 对于任意的矩阵 $A \in M(n, \mathbb{F})$, 有 $\left\|A^{\mathrm{H}}\right\| = \|A\|$, 其中矩阵范数由一般线性群上的 Hilbert-Schmidt 内积诱导. 所以, 如果 $\lim_{m\to\infty} A_m = A$, 即 $\lim_{m\to\infty} \| A_m - A \| = 0$, 则

$$\lim_{m\to\infty} \| f(A_m) - f(A) \| = \lim_{m\to\infty} \left\|A_m^{\mathrm{H}} - A^{\mathrm{H}}\right\| = \lim_{m\to\infty} \| A_m - A \| = 0,$$

即 $\lim_{m\to\infty} f(A_m) = f(A)$, 因此 f 是连续的. □

例4.9　映射

$$f : M(n, \mathbb{F}) \to M(n, \mathbb{F}),$$

$$A \mapsto AA^{\mathrm{H}}$$

是连续的.

证明　事实上, 因为 $\lim_{m\to\infty} A_m = A$, 序列 $\{A_m\}$ 有界, 所以存在常数 c, 使得 $\| A_m \| \leqslant c$, 则有

$$\begin{aligned}
\| f(A_m) - f(A) \| &= \left\|A_m A_m^{\mathrm{H}} - AA^{\mathrm{H}}\right\| \\
&= \left\|A_m \left(A_m^{\mathrm{H}} - A^{\mathrm{H}}\right) + (A_m - A)A^{\mathrm{H}}\right\| \\
&\leqslant \| A_m \| \left\|A_m^{\mathrm{H}} - A^{\mathrm{H}}\right\| + \| A_m - A \| \left\|A^{\mathrm{H}}\right\| \\
&= \| A_m \| \| A_m - A \| + \| A_m - A \| \| A \| \\
&\leqslant (c + \| A \|) \| A_m - A \| .
\end{aligned}$$

因此,

$$\lim_{m\to\infty} \| f(A_m) - f(A) \| = 0.$$

所以 f 是连续的. □

例4.10 映射 $f: M(n,\mathbb{F})\times M(n,\mathbb{F})\to M(n,\mathbb{F})$, $f(A,B)=AB$ 是连续的.

证明 设 $\lim\limits_{m\to\infty}(A_m,B_m)=(A,B)$, 则序列 $\{A_m\}$ 和 $\{B_m\}$ 均有界, 设 $\|A_m\|\leqslant c$, 则

$$\begin{aligned}\|f(A_m,B_m)-f(A,B)\| &= \|A_mB_m-AB\|\\ &= \|A_m(B_m-B)+(A_m-A)B\|\\ &\leqslant \|A_m\|\|B_m-B\|+\|A_m-A\|\|B\|\\ &\leqslant c\|B_m-B\|+\|A_m-A\|\|B\|.\end{aligned}$$

因此得到

$$\lim_{m\to\infty}\|f(A_m,B_m)-f(A,B)\|=0.$$

所以 f 是连续的. □

定义4.20 (连通性) 如果一个拓扑空间中的任意两点都可由曲线连起来, 就称它为道路连通的. 如果一个拓扑空间不能表示成两个无交非空开子集的并, 则称该拓扑空间为连通的.

注4.7 道路连通空间一定是连通的. 对于矩阵李群, 连通性和道路连通性是等价的.

例4.11 矩阵空间 $GL(n,\mathbb{R})$ 不是连通的, 它有两个连通分支, 分别对应着行列式为正和负的矩阵全体 (提示: 矩阵的行列式是关于矩阵元素的连续函数).

例4.12 矩阵空间$GL(n,\mathbb{C})$, $SO(n,\mathbb{F})$, $U(n)$, $SU(n)$, $Sp(n)$, $SE(n)$都是连通的.

定义4.21 (紧性) 拓扑空间 M 称为紧的, 如果 M 上所有的开覆盖都有一个有限的子覆盖. 也就是说, 对于任意的开集的集合 $\{U_\alpha\}_{\alpha\in\mathcal{A}}$, 使得

$$M=\bigcup_{\alpha\in\mathcal{A}}U_\alpha,$$

都存在一个有限子集 $\mathcal{J}$, 使得

$$M=\bigcup_{\alpha\in\mathcal{J}}U_\alpha.$$

注4.8 当数域 $\mathbb{F}$ 为 $\mathbb{R},\mathbb{C},\mathbb{H}$ 时, $\mathbb{F}^n$ 或 $M(n,\mathbb{F})$ 中的有界闭集是紧的.

注4.9 $\mathbb{F}^n$ 中有限个点构成的集合是紧的.

注4.10 当 $\mathbb{F}$ 为 $\mathbb{R},\mathbb{C},\mathbb{H}$ 时, $\mathbb{F}^n$ 中的单位球面 $S_{\mathbb{F}}^{n-1}$ 是紧的.

注4.11 表 4.1 中的正交群 $O(n,\mathbb{F})$、特殊正交群 $SO(n,\mathbb{F})$、酉群 $U(n)$、特殊酉群 $SU(n)$ 以及辛群 $Sp(n)$ 都是紧的.

度量空间上的一个序列 $\{x_m\}$ 称为 Cauchy 列, 如果对于任意的正实数 c, 存在正整数 k, 使得对于所有比 k 大的整数 $m,n>k$, 都有

$$\| x_m - x_n \| < c.$$

定义4.22 (完备性) 度量空间 M 称为完备的, 如果 M 上的所有 Cauchy 列都收敛.

注4.12 度量空间是紧的当且仅当它是完备有界的.

注4.13 正交群 $O(n,\mathbb{F})$、特殊酉群 $SU(n)$、特殊辛群 $Sp(n)$ 以及 Stiefel 流形是紧的, 从而是完备的.

4.4 一般线性群的黎曼度量以及自然梯度

本节介绍一般线性群的黎曼度量以及其上面的函数的自然梯度 [15, 16, 17, 27].

对于一般线性群 $GL(n,\mathbb{R})$, 有 $L_A B = AB$, 其中 $A,B\in GL(n,\mathbb{R})$, 更重要的是, 有

$$(L_A)_* X = AX, \quad A\in GL(n,\mathbb{R}), \quad X\in T_A GL(n,\mathbb{R}).$$

命题4.14 $GL(n,\mathbb{R})$ 上的左不变度量 $\langle\cdot,\cdot\rangle$ 定义为

$$\langle X,Y\rangle_A = \langle (L_{A^{-1}})_* X, (L_{A^{-1}})_* Y\rangle_I = \langle A^{-1}X, A^{-1}Y\rangle_I = \mathrm{tr}((A^{-1}X)^{\mathrm{T}}(A^{-1}Y)),$$

其中 $A\in GL(n,\mathbb{R}), X,Y\in T_A GL(n,\mathbb{R})$, I 表示 $GL(n,\mathbb{R})$ 的单位元.

注4.14 用类似的方式可以定义右不变度量. 一般来说, 左不变度量与右不变度量不相同.

对于 $GL(n,\mathbb{C})$, 其上面的欧氏内积可以定义为

$$\langle X,Y\rangle_{\mathrm{euc}} = \mathrm{tr}\left(X^{\mathrm{H}}Y\right).$$

注意到

$$\mathrm{tr}\left(X^{\mathrm{H}}Y\right) = \mathrm{tr}\left(\left(X^{\mathrm{H}}Y\right)^{\mathrm{T}}\right) = \overline{\mathrm{tr}(Y^{\mathrm{H}}X)},$$

它表明 $\langle\cdot,\cdot\rangle$ 是共轭对称的. 同时有

$$\operatorname{tr}\left(X^{\mathrm{H}}X\right)=\sum_{k=1}^{n}\left(X^{\mathrm{H}}X\right)_{kk}=\sum_{k,l=1}^{n}X_{kl}^{\mathrm{H}}X_{lk}=\sum_{k,l=1}^{n}|X_{lk}|^{2}\geqslant 0,$$

而且上式右边等于零当且仅当 $X=0$. 这表明上面定义了一个正定的内积. 称上面定义在矩阵流形 $GL(n,\mathbb{C})$ 上的内积为 Hilbert-Schmidt 内积.

注4.15 $GL(n,\mathbb{R})$ 上的欧氏内积可定义为

$$\langle X,Y\rangle_{\mathrm{euc}}=\operatorname{tr}\left(X^{\mathrm{T}}Y\right).$$

本节中, 将给出 $GL(n,\mathbb{R})$ 上的函数的自然梯度, 以便给出求目标函数的最小值的迭代公式.

定理4.15 设 $f:GL(n,\mathbb{R})\to\mathbb{R}$, 则利用右不变度量, 可以由下式来求 f 的最小值:

$$A(t+1)=A(t)-\eta\frac{\partial f(A(t))}{\partial A}A^{\mathrm{T}}(t)A(t),\quad A\in GL(n,\mathbb{R}).$$

注4.16 当考虑的矩阵群为正交群时, 上面的公式就是传统的梯度算法, 因为此时 $A^{\mathrm{T}}A=I$.

为证明上面的定理, 需要下面的命题.

命题4.16 设 $f:GL(n,\mathbb{R})\to\mathbb{R}$, 则关于右不变度量, f 的自然梯度 $\operatorname{grad}f$ 满足

$$\operatorname{grad}f(A)=\frac{\partial f(A)}{\partial A}A^{\mathrm{T}}A,\quad A\in GL(n,\mathbb{R}).$$

证明 由定义

$$\langle\operatorname{grad}f(A),X\rangle_{A}=\left\langle\frac{\partial f(A)}{\partial A},X\right\rangle_{\mathrm{euc}},\quad\forall X\in T_{A}GL(n,\mathbb{R}),$$

利用右不变度量的性质有

$$\begin{aligned}\langle\operatorname{grad}f(A),X\rangle_{A}&=\left\langle\operatorname{grad}f(A)A^{-1},XA^{-1}\right\rangle_{I}\\&=\operatorname{tr}\left(\left(\operatorname{grad}f(A)A^{-1}\right)^{\mathrm{T}}XA^{-1}\right)\\&=\operatorname{tr}\left(A^{-1}\left(\operatorname{grad}f(A)A^{-1}\right)^{\mathrm{T}}X\right)\\&=\operatorname{tr}\left(\left(\operatorname{grad}f(A)A^{-1}(A^{-1})^{\mathrm{T}}\right)^{\mathrm{T}}X\right)\\&=\left\langle\operatorname{grad}f(A)A^{-1}(A^{-1})^{\mathrm{T}},X\right\rangle_{\mathrm{euc}},\end{aligned}$$

由此得到

$$\frac{\partial f(A)}{\partial A} = \operatorname{grad} f(A) A^{-1} (A^{-1})^{\mathrm{T}},$$

即

$$\operatorname{grad} f(A) = \frac{\partial f(A)}{\partial A} A^{\mathrm{T}} A.$$

□

于是有

$$A(t+1) = A(t) - \eta \operatorname{grad} f(A(t)) = A(t) - \eta \frac{\partial f(A(t))}{\partial A} A^{\mathrm{T}}(t) A(t).$$

注4.17　上面的自然梯度是关于右不变度量而得到的, 那么关于左不变度量结果是什么样呢? 实际上, 关于左不变度量我们有自然梯度

$$\operatorname{grad} f(A) = A A^{\mathrm{T}} \frac{\partial}{\partial A} f(A).$$

类似于前面的证明, 利用左不变度量, 则有

$$\begin{aligned}
\langle \operatorname{grad} f(A), X \rangle_A &= \left\langle A^{-1} \operatorname{grad} f(A), A^{-1} X \right\rangle_I \\
&= \operatorname{tr}\left((A^{-1} \operatorname{grad} f(A))^{\mathrm{T}} A^{-1} X \right) \\
&= \operatorname{tr}\left(\left((A^{-1})^{\mathrm{T}} A^{-1} \operatorname{grad} f(A) \right)^{\mathrm{T}} X \right) \\
&= \left\langle (A^{-1})^{\mathrm{T}} A^{-1} \operatorname{grad} f(A), X \right\rangle_{\mathrm{euc}},
\end{aligned}$$

从而有

$$\frac{\partial f(A)}{\partial A} = (A^{-1})^{\mathrm{T}} A^{-1} \operatorname{grad} f(A),$$

即

$$\operatorname{grad} f(A) = A A^{\mathrm{T}} \frac{\partial f(A)}{\partial A}.$$

上面的结果表明: 关于左不变度量的自然梯度和关于右不变度量的自然梯度是不一样的! 那么什么时候两者一样呢? 答案是当李群是紧李群时, 左不变度量和右不变度量相等, 从而相应的两个自然梯度是一样的. 例如, 正交群和酉群都是紧李群, 左不变度量和右不变度量相等.

4.5 紧 李 群

紧李群作为流形是完备的. 因此, 连通的紧李群上任意两点都可以由测地线连接. 下面介绍紧李群的性质以及几类重要的紧李群 [11, 25, 26, 27, 28].

命题4.17 *李群上的双不变度量与李代数上的 Ad 不变内积存在一一对应.*

定理4.18 *在紧李群 G 上总存在双不变度量.*

证明 提示: 在 G 上取一个右不变的体积形式 ω, 任取 T_eG 上的内积 $\langle\cdot,\cdot\rangle_e$, 其中 e 为 G 的单位元. 定义一个新内积 $\langle\cdot,\cdot\rangle$

$$\langle X,Y\rangle := \int_G \langle\ \mathrm{Ad}_g(X), \mathrm{Ad}_g(Y)\rangle_e \omega_g, \quad g\in G.$$

由命题 4.17 可知, 只要证明对于任意的 $g\in G$, 下面的等式成立即可

$$\langle \mathrm{Ad}_g(X), \mathrm{Ad}_g(Y)\rangle = \langle X,Y\rangle.$$

□

利用该定理, 我们可以证明

$$\langle [Z,X],Y\rangle + \langle X,[Z,Y]\rangle = 0.$$

事实上, 该定理意味着

$$\left\langle \mathrm{Ad}_{\exp(tX)} Y, \mathrm{Ad}_{\exp(tX)} Z\right\rangle = \langle Y,Z\rangle,$$

注意到

$$\frac{\mathrm{d}}{\mathrm{d}t}\bigg|_{t=0} \mathrm{Ad}_{\exp(tX)} Y = \frac{\mathrm{d}}{\mathrm{d}t}\bigg|_{t=0} \exp(t\,\mathrm{ad}_X)Y = \mathrm{ad}_X Y,$$

对上式关于 t 求导数得

$$\langle [X,Y],Z\rangle + \langle Y,[X,Z]\rangle = 0.$$

由前面的证明我们知道, 在紧李群 G 的李代数 $\mathfrak{g}$ 上存在 Ad 不变的正定内积 $\langle\cdot,\cdot\rangle$, 它对左不变向量场定义了 Ad 不变的欧氏内积.

定理4.19　设 ∇ 是李群 G 上满足 Ad 不变的黎曼联络, 则对于任意的 $X, Y \in \mathfrak{g}$, 有

$$\nabla_X Y = \frac{1}{2}[X,Y],$$
$$\langle R(X,Y)X,Y\rangle = -\frac{1}{4}\langle [X,Y],[X,Y]\rangle,$$
$$K(X,Y) = \frac{\|[X,Y]\|^2}{4(\langle X,X\rangle\langle Y,Y\rangle - \langle X,Y\rangle^2)}.$$

证明　设 $X, Y, Z \in \mathfrak{g}$, 则对于任意的 $g \in G$ 都有 $\langle \mathrm{Ad}_g X, \mathrm{Ad}_g Y\rangle = \langle X, Y\rangle$, 因此 $\langle X,Y\rangle, \langle X,Z\rangle, \langle Y,Z\rangle$ 都是常数. 由黎曼联络的定义

$$\begin{aligned}2\langle \nabla_X Y, Z\rangle =& X\langle Y,Z\rangle + Y\langle X,Z\rangle - Z\langle X,Y\rangle \\ &+ \langle Y,[Z,X]\rangle + \langle Z,[X,Y]\rangle - \langle X,[Y,Z]\rangle \\ =& \langle Y,[Z,X]\rangle + \langle Z,[X,Y]\rangle - \langle X,[Y,Z]\rangle \\ =& \langle Y,[Z,X]\rangle + \langle Z,[X,Y]\rangle + \langle X,[Z,Y]\rangle,\end{aligned}$$

以及黎曼度量是 Ad 不变的, 即 $\langle Y,[Z,X]\rangle + \langle X,[Z,Y]\rangle = 0$, 得到

$$2\langle \nabla_X Y, Z\rangle = \langle Z,[X,Y]\rangle = \langle [X,Y],Z\rangle,$$

即

$$\nabla_X Y = \frac{1}{2}[X,Y].$$

利用曲率张量的公式可以得

$$\langle R(X,Y)X,Y\rangle = -\frac{1}{4}\langle [X,Y],[X,Y]\rangle,$$

从而有截面曲率

$$K(X,Y) = \frac{\|[X,Y]\|^2}{4(\langle X,X\rangle\langle Y,Y\rangle - \langle X,Y\rangle^2)}.$$ □

下面分别介绍几个重要的紧李群. 首先介绍正交群.

4.5.1　正交群

$$O(n) = \left\{A \in GL(n,\mathbb{R}) \mid A^{\mathrm{T}}A = I\right\},$$

其李代数是反对称矩阵的全体,

$$o(n)=\left\{X\in M(n,\mathbb{R})\mid X+X^{\mathrm{T}}=0\right\}.$$

特殊正交群

$$SO(n)=\{A\in O(n)\mid \det A=1\},$$

其李代数是反对称矩阵的全体 $so(n)$, 且 $so(n)=o(n)$.

在 $O(n)$ 的李代数 $o(n)$ 上定义内积:

$$\langle X,Y\rangle=\operatorname{tr}\left(X^{\mathrm{T}}Y\right)=-\operatorname{tr}(XY),$$

对于任意的 $A\in O(n),X,Y\in o(n)$, $\operatorname{Ad}_A X=AXA^{-1}$, 则有

$$\begin{aligned}
\langle\operatorname{Ad}_A X,\operatorname{Ad}_A Y\rangle&=\langle AXA^{-1},AYA^{-1}\rangle\\
&=\operatorname{tr}\left((AXA^{-1})^{\mathrm{T}}AYA^{-1}\right)\\
&=\operatorname{tr}\left((A^{-1})^{\mathrm{T}}X^{\mathrm{T}}A^{\mathrm{T}}AYA^{-1}\right)\\
&=\operatorname{tr}\left(AX^{\mathrm{T}}YA^{-1}\right)\\
&=\operatorname{tr}\left(X^{\mathrm{T}}Y\right)\\
&=\langle X,Y\rangle.
\end{aligned}$$

这表明内积 $\langle\cdot,\cdot\rangle$ 在群同态 Ad 作用下是不变的. 当取 $A=\exp(tZ),t\in\mathbb{R},Z\in o(n)$ 时, 有

$$\langle\exp(tZ)X\exp(-tZ),\exp(tZ)Y\exp(-tZ)\rangle=\langle X,Y\rangle.$$

上式对 t 求导数并令 $t=0$ 得到

$$\langle ZX-XZ,Y\rangle+\langle X,ZY-YZ\rangle=0,$$

即

$$\langle[Z,X],Y\rangle+\langle X,[Z,Y]\rangle=0$$

或

$$\langle\operatorname{ad}_Z X,Y\rangle+\langle X,\operatorname{ad}_Z Y\rangle=0.$$

特别地, $SO(3)$ 的李代数 $so(3)$ 有如下基底

$$X_1=\begin{pmatrix}0&0&0\\0&0&-1\\0&1&0\end{pmatrix},\quad X_2=\begin{pmatrix}0&0&1\\0&0&0\\-1&0&0\end{pmatrix},\quad X_3=\begin{pmatrix}0&-1&0\\1&0&0\\0&0&0\end{pmatrix},$$

它们满足

$$[X_1,X_2]=X_3,\quad [X_2,X_3]=X_1,\quad [X_3,X_1]=X_2.$$

下面以李群 $SO(3)$ 为例, 讨论它和它的李代数 $so(3)$ 之间的指数映射和对数映射. 对于任意的 $X\in so(3)$, 指数映射表示为

$$\exp(X)=\begin{cases}I, & \theta=0,\\ I+\dfrac{\sin\theta}{\theta}X+\dfrac{1-\cos\theta}{\theta^2}X^2, & \theta\in(0,2\pi),\end{cases}$$

其中 $\theta=\sqrt{\dfrac{1}{2}\operatorname{tr}(X^{\mathrm T}X)}$. 测地线 $\gamma(t)=R\exp(tX)$ 经过点 $R\in SO(3)$, 方向为 RX.

对应的对数映射

$$\log(R)=\begin{cases}0, & \theta=0,\\ I+\dfrac{\theta}{2\sin\theta}\left(R-R^{\mathrm T}\right), & |\theta|\in(0,\pi),\end{cases}$$

其中 $R\in SO(3)$ 而且满足 $\operatorname{tr}(R)=2\cos\theta+1$. 两个旋转矩阵 $R_1,R_2\in SO(3)$ 之间的距离为

$$d(R_1,R_2)=\left\|\log\left(R_1^{\mathrm T}R_2\right)\right\|.$$

注4.18　*以正交群 $O(n)$ 为例, 其上的范数可以定义为*

$$\|A\|=\left(\sum_{i,j=1}^{n}a_{ij}^2\right)^{\frac{1}{2}}=\sqrt{n},$$

所以 $O(n)$ 是有界的.

对于正交群 $O(n)$, 其切空间为

$$T_AO(n)=\left\{X\in M(n,\mathbb{F})\mid X^{\mathrm T}A+A^{\mathrm T}X=0\right\},$$

法空间为

$$N_AO(n)=\left\{AS\mid S^{\mathrm T}=S\in o(n)\right\}.$$

设 $f:O(n)\to\mathbb{R}$, 则函数 f 在正交群 $O(n)$ 上的自然梯度为

$$\operatorname{grad} f(A)=\frac{1}{2}\left(\frac{\partial f(A)}{\partial A}-A^{\mathrm{T}}\left(\frac{\partial f(A)}{\partial A}\right)^{\mathrm{T}}A\right).$$

特殊正交群 $SO(n)$ 是带有非负的截面曲率的紧李群. 作为求欧氏空间上的算数平均的推广, 现在研究特殊正交群 $SO(n)$ 上的黎曼平均. 定义 $SO(n)$ 上的实值函数

$$f(Q)=\frac{1}{2k}\sum_{i=1}^{k}d^2(Q_i,Q),$$

其中 $Q_i\in SO(n)$ 是已知的 k 个矩阵, 距离函数为

$$\begin{aligned}d^2(Q_i,Q)&=\left\|\log\left(Q_i^{\mathrm{T}}Q\right)\right\|_F^2\\&=\operatorname{tr}\left\{\left(\log\left(Q_i^{\mathrm{T}}Q\right)\right)^{\mathrm{T}}\log\left(Q_i^{\mathrm{T}}Q\right)\right\}\\&=\left\langle\log\left(Q_i^{\mathrm{T}}Q\right),\log\left(Q_i^{\mathrm{T}}Q\right)\right\rangle_I.\end{aligned}\tag{4.4}$$

接下来, 考虑最优化问题

$$Q^*=\underset{Q\in SO(n)}{\operatorname{argmin}}\,f(Q),$$

即相当于在 $SO(n)$ 上求 $Q_1,Q_2,\cdots,Q_k$ 的黎曼平均.

由于

$$\begin{aligned}f(Q)&=\frac{1}{2k}\sum_{i=1}^{k}\operatorname{tr}\left\{\left(\log\left(Q_i^{\mathrm{T}}Q\right)\right)^{\mathrm{T}}\log\left(Q_i^{\mathrm{T}}Q\right)\right\}\\&=-\frac{1}{2k}\sum_{i=1}^{k}\operatorname{tr}\left\{\log\left(Q_i^{\mathrm{T}}Q\right)\log\left(Q_i^{\mathrm{T}}Q\right)\right\},\end{aligned}$$

其中 $\log\left(Q_i^{\mathrm{T}}Q\right)\in so(n)$, 所以有 $\left(\log\left(Q_i^{\mathrm{T}}Q\right)\right)^{\mathrm{T}}=-\log\left(Q_i^{\mathrm{T}}Q\right)$, 于是 $f(Q)$ 的微分为

$$\begin{aligned}\mathrm{d}f(Q)&=-\frac{1}{k}\sum_{i=1}^{k}\operatorname{tr}\left\{\left(Q_i^{\mathrm{T}}Q\right)^{-1}Q_i^{\mathrm{T}}\,\mathrm{d}Q\log\left(Q_i^{\mathrm{T}}Q\right)\right\}\\&=-\frac{1}{k}\sum_{i=1}^{k}\operatorname{tr}\left\{Q^{-1}\,\mathrm{d}Q\log\left(Q_i^{\mathrm{T}}Q\right)\right\}\end{aligned}$$

$$
\begin{aligned}
&= -\frac{1}{k}\sum_{i=1}^{k}\mathrm{tr}\left\{\log\left(Q_i^{\mathrm{T}}Q\right)Q^{-1}\,\mathrm{d}Q\right\} \\
&= \mathrm{tr}\left\{\frac{1}{k}\sum_{i=1}^{k}\left(Q\log\left(Q_i^{\mathrm{T}}Q\right)\right)^{\mathrm{T}}\mathrm{d}Q\right\} \\
&= \left\langle \frac{1}{k}\sum_{i=1}^{k}Q\log\left(Q_i^{\mathrm{T}}Q\right),\mathrm{d}Q\right\rangle,
\end{aligned}
$$

由此可得 $f(Q)$ 的梯度

$$
\operatorname{grad} f(Q) = \frac{1}{k}\sum_{i=1}^{k}Q\log\left(Q_i^{\mathrm{T}}Q\right).
$$

当 $f(Q)$ 取最小值时, $\operatorname{grad} f(Q) = 0$.

在特殊正交群 $SO(n)$ 上求 $Q_1, Q_2, \cdots, Q_k$ 的黎曼平均的数值解时, 可通过选取初始点 Q_0 和初始方向 $\operatorname{grad} f(Q_0)$, 沿 $SO(n)$ 的测地线进行迭代, 得到 $Q_1, Q_2, \cdots, Q_k$ 的黎曼平均.

特别地, 由 BCH 公式 (4.1), 特殊正交群 $SO(n)$ 上两点间的距离可由相应的李代数之间的距离表示, 即设 $Q_i \in SO(n)$, $m_i = \log Q_i$, $i = 1, 2$,

$$
\begin{aligned}
d(Q_1, Q_2) &= \|\log\left(Q_1^{-1}Q_2\right)\| \\
&= \|\log(\exp(m_1)\exp(-m_2))\| \\
&= \left\|\log\left[\exp\left(m_2 - m_1 + o\left(\|(m_1, m_2)\|^2\right)\right)\right]\right\| \\
&\approx \|m_2 - m_1\|.
\end{aligned}
$$

该结果在图像跟踪和检测的研究中有重要作用.

4.5.2 酉群

$$
U(n) = \left\{A \in GL(n, \mathbb{C}) \mid A^{\mathrm{H}}A = I\right\}.
$$

酉群的李代数是共轭反对称矩阵全体. 切空间表示为

$$
T_A U(n) = \left\{X \in M(n, \mathbb{C}) \mid X^{\mathrm{H}}A + A^{\mathrm{H}}X = 0\right\}. \tag{4.5}
$$

而法空间定义为

$$
N_A U(n) = \left\{AS \mid S = S^{\mathrm{H}},\ S \in M(n, \mathbb{C})\right\}. \tag{4.6}
$$

在酉群 $U(n)$ 任意一点 A 的切空间 $T_AU(n)$ 上可定义内积如下

$$\langle X, Y\rangle_A = \mathrm{Re}\left\{\mathrm{tr}\left(XY^{\mathrm{H}}\right)\right\},$$

其中 $A \in U(n),\ X, Y \in T_AU(n)$.

现在介绍定义在酉群上函数的自然梯度.

命题4.20 设 $f: U(n) \to \mathbb{R}$, f 的自然梯度 $\mathrm{grad}\, f$ 可由下式给出

$$\mathrm{grad}\, f(A) = \frac{1}{2}\left\{\frac{\partial f(A)}{\partial A} - A\left(\frac{\partial f(A)}{\partial A}\right)^{\mathrm{H}} A\right\}.$$

证明 设 $X \in T_AU(n)$, 则函数 $f(A)$ 沿着 X 的变化率为

$$X(f(A)) = \langle \mathrm{grad}\, f(A), X\rangle_A = \left\langle \frac{\partial f(A)}{\partial A}, X\right\rangle_{\mathrm{euc}},$$

其中 $\mathrm{grad}\, f \in \mathfrak{X}(U(n))$, $\mathrm{grad}\, f(A) \in T_AU(n)$. 由右不变度量的性质有

$$\begin{aligned}\langle \mathrm{grad}\, f(A), X\rangle_A &= \left\langle (\mathrm{grad}\, f(A))A^{-1}, XA^{-1}\right\rangle_I \\ &= \mathrm{Re}\left\{\mathrm{tr}\big(\mathrm{grad}\, f(A))A^{-1}(XA^{-1})^{\mathrm{H}}\big)\right\} \\ &= \mathrm{Re}\left\{\mathrm{tr}\big(\mathrm{grad}\, f(A))X^{\mathrm{H}}\big)\right\} \\ &= \langle \mathrm{grad}\, f(A), X\rangle_{\mathrm{euc}},\end{aligned}$$

于是有

$$\left\langle \frac{\partial f(A)}{\partial A} - \mathrm{grad}\, f(A), X\right\rangle = 0,$$

因此 $\dfrac{\partial f(A)}{\partial A} - \mathrm{grad}\, f(A) \in N_AU(n)$. 又因为酉群 $U(n)$ 在一点处的法空间可由式 (4.6) 表示, 进而存在 $S \in M(n, \mathbb{C})$, 且 $S = S^{\mathrm{H}}$ 使得下式成立

$$\frac{\partial f(A)}{\partial A} - \mathrm{grad}\, f(A) = AS.$$

于是有

$$A^{\mathrm{H}}\frac{\partial f(A)}{\partial A} - A^{\mathrm{H}}\,\mathrm{grad}\, f(A) = S. \tag{4.7}$$

对式 (4.7) 两边同时取共轭转置有

$$\left(\frac{\partial f(A)}{\partial A}\right)^{\mathrm{H}} A - (\mathrm{grad}\, f(A))^{\mathrm{H}} A = S^{\mathrm{H}} = S. \tag{4.8}$$

又因为由式 (4.5) 可得 $A^{\mathrm{H}}\,\mathrm{grad}\,f(A)+(\mathrm{grad}\,f(A))^{\mathrm{H}}A=0$, 结合式 (4.7) 和 (4.8), 有

$$S=\frac{1}{2}\left\{A^{\mathrm{H}}\frac{\partial f(A)}{\partial A}+\left(\frac{\partial f(A)}{\partial A}\right)^{\mathrm{H}}A\right\},$$

从而有

$$\begin{aligned}\mathrm{grad}\,f(A)&=\frac{\partial f(A)}{\partial A}-AS\\&=\frac{1}{2}\left\{\frac{\partial f(A)}{\partial A}-A\left(\frac{\partial f(A)}{\partial A}\right)^{\mathrm{H}}A\right\}.\end{aligned}$$

□

注4.19　在 $U(n)$ 的李代数 $u(n)$ 上的内积亦可以定义为如下形式

$$\langle X,Y\rangle:=\mathrm{tr}\left(X^{\mathrm{H}}Y\right)=-\,\mathrm{tr}(XY).\tag{4.9}$$

因为可以证明

(1) 对称性: 由 $\mathrm{tr}(XY)=\mathrm{tr}(YX)$, 可知 $\langle X,Y\rangle=\langle Y,X\rangle$.

(2) 共轭不变性: $\overline{\langle X,Y\rangle}=\langle X,Y\rangle$.

(3) 正定性: 因为

$$\langle X,X\rangle=-\,\mathrm{tr}(X^2)=\mathrm{tr}\left(X^{\mathrm{H}}X\right)\geqslant 0,$$

当且仅当 $X=0$ 时, $\langle X,X\rangle=0$.

在李代数 $u(n)$ 上, 我们有

$$\begin{aligned}\langle AXA^{-1},AYA^{-1}\rangle&=\mathrm{tr}\left((AXA^{-1})^{\mathrm{H}}AYA^{-1}\right)\\&=-\,\mathrm{tr}(AXA^{-1}AYA^{-1})\\&=-\,\mathrm{tr}(AXYA^{-1})\\&=-\,\mathrm{tr}(XY)\\&=\langle X,Y\rangle,\end{aligned}$$

即

$$\langle \mathrm{Ad}_A(X),\mathrm{Ad}_A(Y)\rangle=\langle X,Y\rangle,$$

这表明 $\mathrm{Ad}_A : u(n) \to u(n)$ 关于内积 $\langle\cdot,\cdot\rangle$ 是线性等距的. 令 $A = \exp(tZ) \in U(n)$, 可以证明

$$\langle \mathrm{ad}_Z X, Y\rangle + \langle X, \mathrm{ad}_Z Y\rangle = 0.$$

特别地, $SU(2) = \{A \in U(2) \mid \det(A) = 1\}$ 的李代数 $su(2)$ 由基底

$$s_1 = \begin{pmatrix} \mathrm{i} & 0 \\ 0 & -\mathrm{i} \end{pmatrix}, \quad s_2 = \begin{pmatrix} 0 & 1 \\ -1 & 0 \end{pmatrix}, \quad s_3 = \begin{pmatrix} 0 & \mathrm{i} \\ \mathrm{i} & 0 \end{pmatrix}$$

张成, 且它们满足

$$[s_1, s_2] = 2s_3, \quad [s_2, s_3] = 2s_1, \quad [s_3, s_1] = 2s_2.$$

注4.20 Stiefel 流形[6]

$$St(n,p) = \left\{A \in \mathbb{R}^{n\times p} \mid A^{\mathrm{T}}A = I_p\right\}, \quad p \leqslant n$$

是一个紧李群, 具有很好的性质. 特别地, 当 $n = p$ 时它就是正交群; 当 $p = 1$ 时它是单位球面, 其切空间和法空间分别为

$$T_A St(n,p) = \left\{X \in \mathbb{R}^{n\times p} \mid X^{\mathrm{T}}A + A^{\mathrm{T}}X = 0\right\}$$

和

$$N_A St(n,p) = \left\{AS \mid A \in \mathbb{R}^{n\times p},\ S^{\mathrm{T}} - S = 0\right\}.$$

除此以外, 特殊酉群和特殊辛群也是紧李群. 此处我们不一一详述.

4.6 正定矩阵流形

正定矩阵在许多领域中都有重要应用, 如分析线性常定系统的稳定性, 研究最优控制策略, 核磁共振成像分析, 信号处理, 多元概率统计等. 为了更好地解决问题, 需要更详实地了解正定矩阵的性质. 本节介绍由正定矩阵全体所构成的流形 $SPD(n)$ 的几何性质 [1, 2, 3, 9, 15, 16, 27]. 正定矩阵流形 $SPD(n)$ 是一般线性群的子流形但不是子群. 然而, 通过定义特殊的乘法运算可以使之成为一个群, 进而成为李群.

我们可以在 $SPD(n)$ 上定义不同的度量, 进而得到不同的性质.

首先, 可以在 $SPD(n)$ 上定义欧氏内积

$$\langle X, Y\rangle_{\mathrm{euc}} = \mathrm{tr}(XY),$$

其中 $X, Y \in T_A SPD(n)$, $A \in SPD(n)$. 然而, 该内积在具体应用时会有一定的局限性, 比如在计算矩阵的几何平均时, 对称关系不再满足, 也就是给定矩阵 A 与恒等矩阵 I 之间的距离不等于 A^{-1} 与 I 之间的距离, 更多细节可参照 [1].

其次, 可在 $SPD(n)$ 上定义仿射黎曼度量

$$\langle X, Y\rangle_A = \mathrm{tr}\left(A^{-1} X A^{-1} Y\right), \tag{4.10}$$

其中 $A \in SPD(n)$, $X, Y \in T_A SPD(n)$. 显然有 $\langle X, Y\rangle = \langle Y, X\rangle$. 又因为

$$\langle X, X\rangle_A = \mathrm{tr}\left(A^{-1} X A^{-1} X\right) = \mathrm{tr}\left(A^{-\frac{1}{2}} X A^{-\frac{1}{2}} A^{-\frac{1}{2}} X A^{-\frac{1}{2}}\right) = \mathrm{tr}\left(\left(A^{-\frac{1}{2}} X A^{-\frac{1}{2}}\right)^2\right) \geqslant 0,$$

而且等号成立的充要条件是 $X = 0$, 从而可知式 (4.10) 定义的内积是正定的. 另外, 式 (4.10) 定义的内积显然满足双线性, 所以是黎曼度量.

命题4.21 *在上述黎曼度量下的 $SPD(n)$ 是一个完备的黎曼流形, 其截面曲率非正.*

下面给出 $SPD(n)$ 上函数的自然梯度.

命题4.22 *设 $f: SPD(n) \to \mathbb{R}$ 是正定矩阵流形上的光滑函数, 则在黎曼度量 (4.10) 下, 函数 f 的自然梯度 $\mathrm{grad}\, f$ 为*

$$\mathrm{grad}\, f(A) = A \frac{\partial f(A)}{\partial A} A. \tag{4.11}$$

证明 由于

$$\begin{aligned}\langle \mathrm{grad}\, f(A), X\rangle_A &= \mathrm{tr}\left(A^{-1}\, \mathrm{grad}\, f(A) A^{-1} X\right) \\ &= \left\langle A^{-1}\, \mathrm{grad}\, f(A) A^{-1}, X\right\rangle_{\mathrm{euc}},\end{aligned}$$

又因为

$$\langle \mathrm{grad}\, f(A), X\rangle_A = \left\langle \frac{\partial}{\partial A} f(A), X\right\rangle_{\mathrm{euc}},$$

其中 $X \in T_A SPD(n)$, $A \in SPD(n)$, 于是有

$$A^{-1}\, \mathrm{grad}\, f(A) A^{-1} = \frac{\partial f(A)}{\partial A},$$

即

$$\operatorname{grad} f(A) = A\frac{\partial f(A)}{\partial A}A. \qquad \square$$

为推导正定矩阵流形上测地线的方程, 此处先给出欧拉-拉格朗日方程的定义. 考虑固定端点的变分问题 δJ, 其中

$$J(x) = \int_{t_0}^{t_1} L(t, x(t), \dot{x}(t))\,\mathrm{d}t.$$

由变分原理可知, 其对应的欧拉-拉格朗日方程为

$$\frac{\mathrm{d}}{\mathrm{d}t}\frac{\partial L}{\partial \dot{x}} = \frac{\partial L}{\partial x}.$$

对于高阶的情形, 有

$$J(x) = \int_{t_0}^{t_1} L\left(t, x, \dot{x}, \ddot{x}, \cdots, x^{(m)}\right)\mathrm{d}t,$$

它对应的欧拉-拉格朗日方程为

$$\frac{\partial L}{\partial x} - \frac{\mathrm{d}}{\mathrm{d}t}\left(\frac{\partial L}{\partial \dot{x}}\right) + \frac{\mathrm{d}^2}{\mathrm{d}t^2}\left(\frac{\partial L}{\partial \ddot{x}}\right) + \cdots + (-1)^m\frac{\mathrm{d}^m}{\mathrm{d}t^m}\left(\frac{\partial L}{\partial x^{(m)}}\right) = 0.$$

定义4.23 设 $\gamma_{P_1,P_2} = \{P \mid P : [a,b] \to SPD(n),\ P(a) = P_1,\ P(b) = P_2\}$ 是光滑曲线所组成的空间, γ_{P_1,P_2} 中曲线的长度由以下泛函定义:

$$J(P) = \int_a^b \| \dot{P}(t) \|_{P(t)}\,\mathrm{d}t = \int_a^b \left[\operatorname{tr}\left(P^{-1}\dot{P}P^{-1}\dot{P}\right)\right]^{\frac{1}{2}}\mathrm{d}t,$$

它的极值曲线称为测地线.

定理4.23 测地线 $P : [a,b] \to SPD(n)$ 满足的方程为

$$\ddot{P} - \dot{P}P^{-1}\dot{P} = 0,$$

而且过 $P_0 \in SPD(n)$, 方向为 $S \in S(n) = T_{P_0}SPD(n)$ 的测地线方程为

$$P(t) = P_0^{\frac{1}{2}}\exp\left(tP_0^{-\frac{1}{2}}SP_0^{-\frac{1}{2}}\right)P_0^{\frac{1}{2}}.$$

注4.21 对于上述测地线的表达, 给出经过 $t = 0$, 和 $t = 1$ 的测地线. 令

$$P(1) = P_0^{\frac{1}{2}}\exp\left(P_0^{-\frac{1}{2}}SP_0^{-\frac{1}{2}}\right)P_0^{\frac{1}{2}},$$

取 $P_0 = A, P(1) = B$, 则可得

$$S = A^{\frac{1}{2}} \log\left(A^{-\frac{1}{2}} B A^{-\frac{1}{2}}\right) A^{\frac{1}{2}}.$$

所以过 A, B 两点的测地线方程为

$$\begin{aligned} P_{A,B}(t) &= A^{\frac{1}{2}} \exp\left(t A^{-\frac{1}{2}} A^{\frac{1}{2}} \log\left(A^{-\frac{1}{2}} B A^{-\frac{1}{2}}\right) A^{\frac{1}{2}} A^{-\frac{1}{2}}\right) A^{\frac{1}{2}} \\ &= A^{\frac{1}{2}} \exp\left(t \log\left(A^{-\frac{1}{2}} B A^{-\frac{1}{2}}\right)\right) A^{\frac{1}{2}} \\ &= A^{\frac{1}{2}} \left(A^{-\frac{1}{2}} B A^{-\frac{1}{2}}\right)^t A^{\frac{1}{2}}. \end{aligned} \tag{4.12}$$

设连接 $A, B \in SPD(n)$ 上两点的测地线的长度表示为

$$L(\gamma) = \int_0^1 \| \dot{\gamma}(t) \|_{\gamma(t)} \, \mathrm{d}t = \int_0^1 \langle \dot{\gamma}(t), \dot{\gamma}(t) \rangle_{\gamma(t)}^{\frac{1}{2}} \, \mathrm{d}t,$$

则有如下结论.

命题4.24　设 A, B 为正定矩阵流形 $SPD(n)$ 上的两点, 则在 $SPD(n)$ 上连接 A, B 两点的测地线的长度为

$$d^2(A, B) = L^2(\gamma_{A,B}) = \mathrm{tr}\left(\log^2\left(A^{-\frac{1}{2}} B A^{-\frac{1}{2}}\right)\right).$$

事实上, 既然

$$\langle \dot{\gamma}(t), \dot{\gamma}(t) \rangle_{\gamma(t)} = \left\langle \gamma^{-1}(t)\dot{\gamma}(t), \gamma^{-1}(t)\dot{\gamma}(t) \right\rangle_I = \mathrm{tr}\left(\gamma^{-1}(t)\dot{\gamma}(t)\right)^2,$$

直接计算可得

$$\gamma^{-1}(t)\dot{\gamma}(t) = A^{-\frac{1}{2}} \log\left(A^{-\frac{1}{2}} B A^{-\frac{1}{2}}\right) A^{\frac{1}{2}},$$

以及

$$\left(\gamma^{-1}(t)\dot{\gamma}(t)\right)^2 = A^{-\frac{1}{2}} \log^2\left(A^{-\frac{1}{2}} B A^{-\frac{1}{2}}\right) A^{\frac{1}{2}}.$$

因此可以得到

$$\mathrm{tr}\left(\gamma^{-1}(t)\dot{\gamma}(t)\right)^2 = \mathrm{tr}\left[A^{-\frac{1}{2}} \left(\log^2\left(A^{-\frac{1}{2}} B A^{-\frac{1}{2}}\right)\right) A^{\frac{1}{2}}\right] = \mathrm{tr}\left(\log^2\left(A^{-\frac{1}{2}} B A^{-\frac{1}{2}}\right)\right).$$

于是, 有

$$\begin{aligned}\int_0^1 \langle\dot\gamma(t),\dot\gamma(t)\rangle_{\gamma(t)}^{\frac12}\,\mathrm{d}t &= \int_0^1 \left(\mathrm{tr}\left(\log^2\left(A^{-\frac12}BA^{-\frac12}\right)\right)\right)^{\frac12}\mathrm{d}t\\ &= \left(\mathrm{tr}\left(\log^2\left(A^{-\frac12}BA^{-\frac12}\right)\right)\right)^{\frac12}.\end{aligned}$$

下面介绍 $SPD(n)$ 上的指数映射与对数映射. 在 $SPD(n)$ 上, 过点 $A\in SPD(n)$, 方向为 $X\in T_ASPD(n)$ 的指数映射定义为 $\exp_A: T_ASPD(n)\to SPD(n)$,

$$\exp_A(X) = A^{\frac12}\exp\left(A^{-\frac12}XA^{-\frac12}\right)A^{\frac12}.$$

对数映射定义为 $\log_A: SPD(n)\to T_ASPD(n)$,

$$\log_A(B) = A^{\frac12}\log\left(A^{-\frac12}BA^{-\frac12}\right)A^{\frac12}, \tag{4.13}$$

其中 $B\in SPD(n)$. $SPD(n)$ 上的指数映射和对数映射既单又满.

下面利用对数映射给出测地距离的公式.

命题4.25 设 $A,B\in SPD(n)$, 由对数映射 (4.13), 得测地距离为

$$d(A,B) = \sqrt{\mathrm{tr}\left(\log^2\left(A^{-\frac12}BA^{-\frac12}\right)\right)}.$$

证明 根据测地距离的定义, 有

$$\begin{aligned}d^2(A,B) &= \|\log_A(B)\|_A^2\\ &= \mathrm{tr}\left(A^{-1}\log_A(B)A^{-1}\log_A(B)\right)\\ &= \mathrm{tr}\left(A^{-1}A^{\frac12}\log\left(A^{-\frac12}BA^{-\frac12}\right)B^{\frac12}A^{-1}A^{\frac12}\log\left(A^{-\frac12}BA^{-\frac12}\right)A^{\frac12}\right)\\ &= \mathrm{tr}\left(A^{-\frac12}\log^2\left(A^{-\frac12}BA^{-\frac12}\right)A^{\frac12}\right)\\ &= \mathrm{tr}\left(\log^2\left(A^{-\frac12}BA^{-\frac12}\right)\right).\end{aligned}$$

□

因为 $B^{-\frac12}AB^{-\frac12}$ 是对称的, 则存在正交矩阵 Q, 使得

$$A^{-\frac12}BA^{-\frac12} = Q\varLambda Q^{\mathrm{T}},$$

其中 $\varLambda=\mathrm{diag}(\lambda_1,\lambda_2,\cdots,\lambda_n)$, λ_i 是矩阵 $A^{-\frac12}BA^{-\frac12}$ 的特征值. 注意到由对数函数级数展开的形式可以得到

$$\log\left(Q\varLambda Q^{\mathrm{T}}\right) = \log\left(Q\varLambda Q^{-1}\right) = Q(\log\varLambda)Q^{-1},$$

则

$$\begin{aligned} d^2(A,B) &= \mathrm{tr}\left(\log^2\left(Q\varLambda Q^{-1}\right)\right) \\ &= \mathrm{tr}\left(\left(Q(\log\varLambda)Q^{-1}\right)^2\right) \\ &= \mathrm{tr}\left(Q(\log\varLambda)Q^{-1}Q(\log\varLambda)Q^{-1}\right) \\ &= \mathrm{tr}\left(Q(\log^2\varLambda)Q^{-1}\right) \\ &= \mathrm{tr}\left(\log^2\varLambda\right) \\ &= \sum_i \log^2\lambda_i. \end{aligned}$$

测地距离满足如下性质:

(1) $d(A,B)\geqslant 0, d(A,B)=0 \Longleftrightarrow A=B$;

(2) $d(A,B)=d(B,A)$;

(3) $d(A,C)\leqslant d(A,B)+d(B,C)$;

(4) $d(A,B)=d\left(XAX^{\mathrm{T}},XBX^{\mathrm{T}}\right), X\in GL(n,\mathbb{R})$;

(5) $d(A,B)=d(A^{-1},B^{-1})$;

(6) $d(A,B)=d\left(I,A^{-\frac{1}{2}}BA^{-\frac{1}{2}}\right)$.

注4.22　$SPD(n)$ 是一个开凸锥, 即满足 $P+tQ>0$, 其中 $P,Q\in SPD(n)$, $t>0$.

现在介绍正定矩阵流形 $SPD(n)$ 上给定的 m 个矩阵 $P_1,P_2,\cdots,P_m$ 的黎曼平均. 借助于命题 4.24 和命题 4.25 所定义的距离, 流形 $SPD(n)$ 上 m 个正定矩阵 $P_1,P_2,\cdots,P_m$ 的黎曼平均为使得函数

$$f(P)=\sum_k \left\|\log(P_k^{-1}P)\right\|^2$$

取最小值的矩阵 P.

考虑经过 P 点的曲线 $P(t)$, 且 $P(0)=P$. 由于 $\log\left(P_k^{-1}P(t)\right)$ 属于 $SPD(n)$ 的切空间, 所以有 $\left(\log\left(P_k^{-1}P(t)\right)\right)^{\mathrm{T}}=\log\left(P_k^{-1}P(t)\right)$. 因此有

$$\begin{aligned} \frac{\mathrm{d}}{\mathrm{d}t}\Big|_{t=0} f(P(t)) &= \frac{\mathrm{d}}{\mathrm{d}t}\Big|_{t=0}\sum_k \mathrm{tr}\left\{\log\left(P_k^{-1}P(t)\right)\log\left(P_k^{-1}P(t)\right)\right\} \\ &= 2\sum_k \mathrm{tr}\left\{\log\left(P_k^{-1}P\right)\left(P_k^{-1}P\right)^{-1}P_k^{-1}\frac{\mathrm{d}P(t)}{\mathrm{d}t}\Big|_{t=0}\right\} \end{aligned}$$

$$
\begin{aligned}
&= 2\sum_k \operatorname{tr}\left\{ P^{-1}P\log\left(P_k^{-1}P\right)P^{-1}\frac{\mathrm{d}P(t)}{\mathrm{d}t}\bigg|_{t=0}\right\} \\
&= 2\left\langle P\sum_k \log\left(P_k^{-1}P\right), \frac{\mathrm{d}P(t)}{\mathrm{d}t}\bigg|_{t=0}\right\rangle_P \\
&= \left\langle 2P\sum_k \log\left(P_k^{-1}P\right), \frac{\mathrm{d}P(t)}{\mathrm{d}t}\bigg|_{t=0}\right\rangle_P ,
\end{aligned}
$$

从而获得

$$
\operatorname{grad} f(P) = 2P\sum_k \log\left(P_k^{-1}P\right).
$$

借助于梯度, 可以得到 m 个正定矩阵 $P_1, P_2, \cdots, P_m$ 的黎曼均值.

注4.23 凸空间中上述黎曼平均取到唯一的最小值. $SPD(n)$ 是凸空间, 故存在唯一的黎曼平均. 对于非凸空间, 尽管最小值不一定是唯一的, 但是只要这些点不是距离太远, 最小值还是唯一的.

下面给出 $SPD(n)$ 的另一种代数与几何结构. 设 $A_1, A_2 \in SPD(n)$, 定义乘法

$$
A_1 \cdot A_2 := \exp\left(\log(A_1) + \log(A_2)\right),
$$

则可以验证 $SPD(n)$ 在该乘法下是一个可交换的李群. 但 $SPD(n)$ 不是 $GL(n,\mathbb{R})$ 的李子群.

定义 $SPD(n)$ 流形上的对数欧氏度量为

$$
\langle X, Y\rangle_A := \langle \log_{*A}(X), \log_{*A}(Y)\rangle_I ,
$$

其中 $X, Y \in T_A SPD(n), A \in SPD(n)$. 相应地, 流形 $SPD(n)$ 上任意两点 A, B 之间的距离函数为

$$
d(A,B) = \| \log_A(B) \|_A = \| \log(A) - \log(B) \|_I .
$$

注4.24 在 $SPD(n)$ 上引入矩阵乘法和数乘运算后, $SPD(n)$ 成为一个与其切空间 $Sym(n)$ 同构、等距的线性空间, 因而 $SPD(n)$ 是平坦的.

关于上面的对数欧氏度量, 相应的指数和对数映射满足

$$
\begin{aligned}
\log_A(B) &= \exp_{*\log(A)}(\log(B) - \log(A)), \\
\exp_A(X) &= \exp(\log(A) + \log_{*A}(X)),
\end{aligned}
$$

其中 $A, B \in SPD(n), X \in T_A SPD(n)$.

在对数欧氏度量下, 连接 $A, B \in SPD(n)$ 两点的测地线方程为

$$\gamma_{A,B}(t) = \exp((1-t)\log(A) + t\log(B)).$$

注4.25 与仿射黎曼度量相比, 对数欧氏度量在计算速度上有很大优势.

4.7 一些重要李群

除了上述已经介绍过的紧李群, 还有一些重要的李群, 现在分别加以简要介绍 [5, 6, 8, 13, 10, 21, 22].

4.7.1 辛群

设 $GL(2n, \mathbb{F})$, 其中 $\mathbb{F} = \mathbb{R}, \mathbb{C}$. 称下面形式的群为辛群:

$$Sp(2n, \mathbb{F}) = \left\{ M \;\middle|\; M^{\mathrm{T}} J M = J,\ J = \begin{pmatrix} 0 & I_n \\ -I_n & 0 \end{pmatrix} \right\},$$

其中 I_n 表示 n 阶单位矩阵.

命题4.26 如果

$$M = \begin{pmatrix} A & B \\ C & D \end{pmatrix} \in Sp(2n, \mathbb{F}),$$

则矩阵 M 的逆满足

$$M^{-1} = \begin{pmatrix} D^{\mathrm{T}} & -B^{\mathrm{T}} \\ -C^{\mathrm{T}} & A^{\mathrm{T}} \end{pmatrix},$$

其中 $A^{\mathrm{T}}C$ 和 $B^{\mathrm{T}}D$ 都是对称的, 而且 $A^{\mathrm{T}}D - C^{\mathrm{T}}D = I_n$.

事实上, 由 $M^{\mathrm{T}}JM = J$ 可以推出 $M^{\mathrm{T}}J = JM^{-1}$. 设 $M^{-1} = \begin{pmatrix} X & Y \\ Z & W \end{pmatrix}$, 则

$$\begin{pmatrix} A^{\mathrm{T}} & B^{\mathrm{T}} \\ C^{\mathrm{T}} & D^{\mathrm{T}} \end{pmatrix} \begin{pmatrix} 0 & I_n \\ -I_n & 0 \end{pmatrix} = \begin{pmatrix} 0 & I_n \\ -I_n & 0 \end{pmatrix} \begin{pmatrix} X & Y \\ Z & W \end{pmatrix}.$$

由此可得 $X = D^{\mathrm{T}}, Y = -B^{\mathrm{T}}, Z = -C^{\mathrm{T}}, W = A^{\mathrm{T}}$, 即

$$M^{-1} = \begin{pmatrix} D^{\mathrm{T}} & -B^{\mathrm{T}} \\ -C^{\mathrm{T}} & A^{\mathrm{T}} \end{pmatrix}.$$

另一方面, 由

$$M^{\mathrm{T}} J M = \begin{pmatrix} 0 & I_n \\ -I_n & 0 \end{pmatrix}$$

可得 $C^{\mathrm{T}}A = A^{\mathrm{T}}C = (C^{\mathrm{T}}A)^{\mathrm{T}}$, $D^{\mathrm{T}}B = B^{\mathrm{T}}D = (D^{\mathrm{T}}B)^{\mathrm{T}}$, $-C^{\mathrm{T}}B + A^{\mathrm{T}}D = I_n$.

注4.26 对辛群来说矩阵求逆运算非常方便, 这是一般的群所不具有的优越性.

现在介绍 $Sp(2n,\mathbb{R})$ 上的内积以及自然梯度. 设 $Sp(2n,\mathbb{R})$ 在 A 点处的切空间为

$$T_A Sp(2n,\mathbb{R}) = \left\{X \in \mathbb{R}^{2n\times 2n} \mid X^{\mathrm{T}} JA + A^{\mathrm{T}} JX = 0\right\},$$

而且在单位元处, 李代数为

$$sp(2n,\mathbb{R}) = \left\{X \in \mathbb{R}^{2n\times 2n} \mid X^{\mathrm{T}} J + JX = 0\right\}.$$

在 A 点的法空间为

$$N_A(2n,\mathbb{R}) = \left\{Y \in \mathbb{R}^{2n\times 2n} \mid \mathrm{tr}(Y^{\mathrm{T}} X) = 0, X \in T_A Sp(2n,\mathbb{R})\right\}.$$

上述切空间、李代数和法空间亦可以表示为

$$T_A Sp(2n,\mathbb{R}) = \left\{AJS \mid S \in \mathbb{R}^{2n\times 2n}, S^{\mathrm{T}} = S\right\},$$

$$sp(2n,\mathbb{R}) = \left\{JS \mid S \in \mathbb{R}^{2n\times 2n}, S^{\mathrm{T}} = S\right\},$$

$$N_A(2n,\mathbb{R}) = \left\{JAX \mid X \in so(2n)\right\}.$$

如果定义内积

$$\langle X, Y\rangle_A = \mathrm{tr}\left(A^{-1} X A^{-1} Y\right), \tag{4.14}$$

其中 $X, Y \in T_A Sp(n,\mathbb{R})$, $A \in Sp(2n,\mathbb{R})$, 该内积不是正定的.

设函数 $f : Sp(2n,\mathbb{R}) \to \mathbb{R}$, 相应于内积 (4.14) 可以得到 f 的自然梯度

$$\mathrm{grad}\, f(A) = AJ\left(A^{\mathrm{T}} \frac{\partial f(A)}{\partial A} J - J\left(\frac{\partial f(A)}{\partial A}\right)^{\mathrm{T}} A\right).$$

如果在 $Sp(2n,\mathbb{R})$ 上定义内积

$$\langle X,Y\rangle_A = \mathrm{tr}\Big(\big(A^{-1}X\big)^{\mathrm{T}} A^{-1}Y\Big), \tag{4.15}$$

其中 $X,Y\in T_A Sp(2n,\mathbb{R})$, $A\in Sp(2n,\mathbb{R})$, 可知该内积是正定的.

设函数 $f: Sp(2n,\mathbb{R})\to\mathbb{R}$, 相应于内积 (4.15) 可以得到函数 f 的自然梯度

$$\mathrm{grad}\, f(A) = \frac{1}{2}AJ\left(\left(\frac{\partial f(A)}{\partial A}\right)^{\mathrm{T}} AJ - JA^{\mathrm{T}}\frac{\partial f(A)}{\partial A}\right).$$

4.7.2　特殊欧几里得群

称

$$SE(n) = \left\{\begin{pmatrix} A & d \\ 0 & 1\end{pmatrix} \middle| A\in SO(n), d\in\mathbb{R}^n\right\}$$

为特殊欧几里得群.

群 $SE(n)$ 上的乘法定义为

$$\begin{pmatrix} R_2 & d_2 \\ 0 & 1\end{pmatrix}\begin{pmatrix} R_1 & d_1 \\ 0 & 1\end{pmatrix} = \begin{pmatrix} R_2R_1 & R_2d_1+d_2 \\ 0 & 1\end{pmatrix}.$$

$SE(n)$ 中元素 $\begin{pmatrix} A & d \\ 0 & 1\end{pmatrix}$ 的逆元是 $\begin{pmatrix} A^{-1} & -A^{-1}d \\ 0 & 1\end{pmatrix}$.

特别地, 由于 $SE(3)$ 在机器人控制中具有重要的应用, 此处给出 $SE(3)$ 的李代数 $se(3)$, 即

$$se(3) = \left\{\begin{pmatrix} \Omega & v \\ 0 & 0\end{pmatrix} \middle| \ \Omega^{\mathrm{T}} = -\Omega, v\in\mathbb{R}^3\right\}.$$

$se(3)$ 是 6 维的, 可由下面 6 个矩阵构成:

$$\begin{pmatrix} 0&0&0&0\\ 0&0&-1&0\\ 0&1&0&0\\ 0&0&0&0\end{pmatrix},\quad \begin{pmatrix} 0&0&1&0\\ 0&0&0&0\\ -1&0&0&0\\ 0&0&0&0\end{pmatrix},\quad \begin{pmatrix} 0&1&0&0\\ -1&0&0&0\\ 0&0&0&0\\ 0&0&0&0\end{pmatrix},$$

$$\begin{pmatrix} 0&0&0&1\\ 0&0&0&0\\ 0&0&0&0\\ 0&0&0&0\end{pmatrix},\quad \begin{pmatrix} 0&0&0&0\\ 0&0&0&1\\ 0&0&0&0\\ 0&0&0&0\end{pmatrix},\quad \begin{pmatrix} 0&0&0&0\\ 0&0&0&0\\ 0&0&0&1\\ 0&0&0&0\end{pmatrix}.$$

设

$$P_i = \begin{pmatrix} A_i & d_i \\ 0 & 1 \end{pmatrix} \in SE(3),$$

其中 $A_i \in SO(3)$, $d_i \in \mathbb{R}^3$, $i = 1, 2$, 则 P_1, P_2 之间的测地距离为

$$d(P_1, P_2) = \sqrt{\left\|\log(A_1^{-1} A_2)\right\|^2 + \|d_2 - d_1\|^2},$$

其中等式右边根号下第一项表示 $SE(3)$ 中 P_1, P_2 之间旋转部分的差, 第二项表示平移部分的差. 该距离可以通过求 $SE(3)$ 上连接两点之间的最短测地线获得.

进而, 在特殊欧几里得群上的黎曼平均可由下述定理给出.

定理4.27 在特殊欧几里得群 $SE(n)$ 上给定 N 个点

$$P_k = \begin{pmatrix} A_k & b_k \\ 0 & 1 \end{pmatrix}, \tag{4.16}$$

其中 $A_k \in SO(n), b_k \in \mathbb{R}^n, k = 1, 2, \cdots, N$. 如果 $A_1, A_2, \cdots, A_N$ 的黎曼均值和 $b_1, b_2, \cdots, b_N$ 的黎曼均值 (即算术均值) 分别表示为 $\overline{A}$ 和 $\overline{b}$, 则 $P_1, P_2, \cdots, P_N \in SE(n)$ 的黎曼均值 $\overline{P}$ 为

$$\overline{P} = \begin{pmatrix} \overline{A} & \overline{b} \\ 0 & 1 \end{pmatrix}. \tag{4.17}$$

4.7.3 海森伯格群

海森伯格群在数学和物理等领域有着重要的应用 [10]. 这里考虑三阶的海森伯格群

$$H(3) = \left\{ A \;\middle|\; A = \begin{pmatrix} 1 & a & b \\ 0 & 1 & c \\ 0 & 0 & 1 \end{pmatrix} \right\},$$

其中 a, b, c 是实数. 可以证明在矩阵乘法下 $H(3)$ 是一个李群. 经计算得到

$$A^{-1} = \begin{pmatrix} 1 & -a & ac - b \\ 0 & 1 & -c \\ 0 & 0 & 1 \end{pmatrix}.$$

在海森伯格群 $H(3)$ 上给定 N 个矩阵

$$B_3^k=\begin{pmatrix}1 & b_{12}^k & b_{13}^k\\ 0 & 1 & b_{23}^k\\ 0 & 0 & 1\end{pmatrix},\tag{4.18}$$

其中 $k=1,2,\cdots,N$, 则 $B_3^1,B_3^2,\cdots,B_3^N$ 的黎曼均值 $\overline{A}_3$ 为

$$\overline{A}_3=\begin{pmatrix}1 & \bar{b}_{12} & \bar{b}_{13}-\frac{1}{2}\mathrm{cov}(b_{12},b_{23})\\ 0 & 1 & \bar{b}_{23}\\ 0 & 0 & 1\end{pmatrix},\tag{4.19}$$

其中 $\mathrm{cov}(b_{12},b_{23}):=\dfrac{1}{N}\sum\limits_{k=1}^{N}\left(\bar{b}_{12}-b_{12}^k\right)\left(\bar{b}_{23}-b_{23}^k\right)$, $\bar{b}_{ij}:=\dfrac{1}{N}\sum\limits_{k=1}^{N}b_{ij}^k$, $i<j$, 而且 $i,j=1,2,3$.

4.7.4　特殊线性群

特殊线性群在许多领域中具有重要的应用, 例如, 基于一般线性群的线性正则变换在信号处理, 以及图像处理中具有广泛的应用 [10]. 称

$$SL(n,\mathbb{R})=\{A\in GL(n,\mathbb{R})\mid \det(A)=1\}$$

为特殊线性群.

注4.27　$SL(n,\mathbb{R})$ 是闭的, 但不是紧的, 因为 $SL(n,\mathbb{R})$ 不是有界的. 例如, 取

$$A=\begin{pmatrix}1 & 0 & \dots & t\\ 0 & 1 & \dots & 0\\ \vdots & \vdots & & \vdots\\ 0 & 0 & \dots & 1\end{pmatrix}\in SL(n,\mathbb{R}),$$

可知

$$\|A\|=\left(n+t^2\right)^{\frac{1}{2}},$$

这表明 $SL(n,\mathbb{R})$ 不是有界的, 所以不是紧的.

4.7.5　广义正交群

在带有自然基底 $e_0,e_1,\cdots,e_n(n\geqslant 2)$ 的 $\mathbb{R}^{n+1}$ 空间中, 考虑非退化、对称的双线性形式

$$F(x,y) = -x^0y^0 + \sum_{k=1}^{n} x^k y^k, \quad x, y \in \mathbb{R}^{n+1}.$$

设 $O(1,n)$ 是关于 F 的正交群, 即

$$O(1,n) = \left\{A \in GL(n+1,\mathbb{R}) \mid F(Ax,Ay) = F(x,y),\ x,\ y \in \mathbb{R}^{n+1}\right\}$$
$$= \left\{A \in GL(n+1,\mathbb{R}) \mid A^{\mathrm{T}}SA = S\right\},$$

其中

$$S = \begin{pmatrix} -1 & 0 \\ 0 & I_n \end{pmatrix}.$$

当 $n = 3$ 时, $O(1,3)$ 称为 Lorentz 群. $O(1,n)$ 的李代数表示为

$$o(1,n) = \left\{X \in M(n+1,\mathbb{R}) \mid X^{\mathrm{T}}S + SX = 0\right\}.$$

参 考 文 献

[1] Arsigny V, Fillard P, Pennec X, et al. Geometric means in a novel vector space structure on symmetric positive-definite matrices. SIAM J. Matrix Anal. Appl., 2007, 29: 328–347.

[2] Barbaresco F. Interactions between symmetric cones and information geometrics: Bruhat-Tits and Siegel spaces models for high resolution autoregressive Doppler imagery. ETCV08 Conference, Ecole Polytechnique, Nov. 2008, published by Springer in Lecture Notes in Computer Science, 2009, 5416: 124–163.

[3] Barbaresco F, Roussigny H. Innovative tools for Radar signal processing based on Cartan's geometry of SPD matrices and information geometry. IEEE International Radar Conference, 2008.

[4] Bredon G E. Topology and Geometry. New York: Springer, 1993.

[5] Duan X, Sun H, Peng L. Riemannian means on special Euclidean group and unipotent matrices group. Scientific World Journal, 2013, Article ID 292787.

[6] Fiori S. A theory for learning by weight flow on Stiefel-Grassman manifold. Neural Comput., 2001, 13: 1625–1647.

[7] Fiori S, Tanaka T. An algorithm to compute averages on matrix Lie groups. IEEE Trans. Signal Process., 2009, 57: 4734–4743.

[8] Fiori S. Solving minimal-distance problems over the manifold of real-symplectic matrices. SIAM J. Matrix Anal. Appl., 2011, 32: 938–968.

[9] Fletcher P, Joshi S. Riemannian geometry for the statistical analysis of diffusion tensor data. Signal Process., 2007, 87: 250–262.

[10] Hall B. Lie Groups, Lie Algebras, and Representations: An Elementary Introduction. Berlin: Springer, 2003.

[11] Helgason S. Differential Geometry, Lie Groups and Symmetric Spaces. New York: Academic Press, 1978.

[12] Hsiang W Y. Lectures on Lie Groups. Singapore: World Scientific, 1998.

[13] Kaneko T, Fiori S, Tanaka T. Empirical arithmetic averaging over the compact Stiefel manifold. IEEE Trans. Signal Process., 2013, 61: 883–894.

[14] Karcher H. Riemannian center of mass and mollifier smoothing. Comm. Pure Appl. Math., 1977, 30: 509–541.

[15] Moakher M. A differential geometric approach to the geometric mean of symmetric positive-definite matrices. SIAM J. Matrix Anal. Appl., 2005, 26: 735–747.

[16] Moakher M. On the averaging of symmetric positive-definite tensors. J. Elasticity, 2006, 82: 273–296.

[17] Nielsen F, Bhatia R. Matrix Information Geometry. Berlin: Springer, 2013.

[18] Skovgaard L T. A Riemannian geometry of the multivariate normal model. Scand. J. Stat., 1984, 11: 211–223.

[19] Warner F W. Foundations of Differential Manifolds and Lie Groups. New York: Springer, 1983.

[20] Weyl H. The Classical Groups: Their Invariants and Representations. Princeton: Princeton University Press, 1939.

[21] Žefran M, Kumar V, Croke C. Metrics and connections for rigid-body kinematics. Int. J. Robot. Res., 1999, 18: 1–16.

[22] Žefran M, Kumar V, Croke C. Choice of Riemannian metrics for rigid body kinematics. ASME 24th Biennial Mechanisms Conference, 1996.

[23] 阿姆斯特朗. 基础拓扑学. 孙以丰, 译. 北京: 北京大学出版社, 1981.

[24] 横田一郎. 群と位相. 东京: 裳華房, 1969.

[25] 黄宣国. 李群基础. 上海: 复旦大学出版社, 2006.

[26] 孟道骥, 史毅茜. Riemann 对称空间. 天津: 南开大学出版社, 2005.

[27] 孙华飞. 信息几何及其应用 (讲义). 北京: 北京理工大学, 2012.

[28] 项武义, 侯自新, 孟道骥. 李群讲义. 北京: 北京大学出版社, 1981.

[29] 严志达, 许以超. Lie 群及其 Lie 代数. 北京: 高等教育出版社, 1985.

第 5 章　经典信息几何的应用

信息几何被誉为是继 Shannon 开辟现代信息理论之后的又一新的理论变革，其在统计推断、信息理论、量子力学、控制理论等领域中都有广泛的应用. 我们对其中非常重要的、感兴趣的部分做简要的介绍, 有兴趣的读者可以阅读书后参考文献.

本章将介绍信息几何在神经网络、线性规划、热力学系统、熵动力系统等领域中的应用.

5.1　信息几何在神经网络中的应用

虽然信息几何起源于用几何的方法研究统计问题, 但其最经典的应用是改善神经网络的算法[1, 2, 3, 4, 16, 20]. 借助于几何结构, 信息几何方法提高了神经网络的学习速度, 提供了快速达到稳定状态的新算法. 利用信息几何研究一族神经网络所共同体现的性质, 有助于我们发现这族神经网络所表现的能力.

5.1.1　Boltzmann 机

Boltzmann 机[1] 是随机神经网络. 对于有固定拓扑结构的 Boltzmann 机全体, 可将其视为高维流形. 通过分析 Boltzmann 机的几何结构, 发现 Boltzmann 机学习规则与其他规则有本质上的区别.

Boltzmann 机学习, 是设计出学习规则, 使得 Boltzmann 机尽可能真实地实现环境概率分布 $p(x)$. 由于神经元 x 的状态仅能为 1 或 0, 所以有 n 个神经元的神经网络可由 2^n 个状态表示. 令 $S=\{q(x)\}$ 表示有 n 个神经元的神经网络的状态空间上的所有概率分布. 由于

$$\sum_x q(x)=1,$$

则流形 S 为 2^n-1 维的, 并且 $q(x)$ 的对数可以写成

$$\log q(x)=\theta_1^{i_1}x_{i_1}+\theta_2^{i_1i_2}x_{i_1}x_{i_2}+\theta_3^{i_1i_2i_3}x_{i_1}x_{i_2}x_{i_3}+\cdots+\theta_n^{i_1i_2\cdots i_n}x_{i_1}x_{i_2}\cdots x_{i_n}-\varphi,$$

其中 φ 为势函数, 系数 $\theta_m^{i_1 i_2 \cdots i_m}$ 满足 $i_1 < i_2 < \cdots < i_m$. 将参数 $(\theta_1^{i_1}, \theta_2^{i_1 i_2}, \cdots, \theta_n^{12\cdots n})$ 作为流形 S 的坐标系, 并容易知道流形 S 为 ± 1-平坦的.

利用 Kullback-Leibler 散度来衡量由 Boltzmann 机所实现的概率分布 $q(x)$ 与环境真实概率分布 $p(x)$ 之间的近似程度为

$$K(p, q) = \int p(x) \log \frac{p(x)}{q(x)} \, \mathrm{d}x.$$

首先定义一般统计流形 M 的 e-平坦子流形和 m-平坦子流形.

定义5.1 (e-平坦子流形) 设 N 是 M 的子流形, 如果对于任意的 $p(x), q(x) \in N$, 由

$$\log r(x; s) = (1-s) \log q(x) + s \log p(x) + c(s)$$

得到的 $r(x; s)$ 亦属于 N, 则称 N 是 M 的 e-平坦子流形, 其中 s 为实数, $c(s)$ 为势函数.

定义5.2 (m-平坦子流形) 设 N 是 M 的子流形, 如果对于任意的 $p(x), q(x) \in N$, 由

$$r(x; s) = (1-s) q(x) + s p(x)$$

得到的 $r(x; s)$ 亦属于 N, 则称 N 是 M 的 m-平坦子流形, 其中 $s \in [0, 1]$.

对于含有隐藏元的 Boltzmann 机, 用 $x = (x_V, x_H)$ 表示 Boltzmann 机的全体神经元, 其中 x_V 为可视神经元, x_H 为隐藏神经元. 用 B 表示在全部神经元 x 上 Boltzmann 机实现的所有概率分布 $p(x_V, x_H; \omega)$ 的集合, 其中参数 $\omega_{ij} = \omega_{ji}$ 为第 i 和第 j 个神经元之间的权值, 并且假设 $\omega_{ii} = 0$. 易知子流形 B 为流形 S 的 e-平坦子流形. 已知 $q(x_V)$, 令 M_q 表示 S 中的在可视元上的边缘概率分布为 $q(x_V)$ 的概率分布的集合, 记为

$$M_q = \left\{ q(x_V, x_H) \;\middle|\; \sum_{x_H} q(x_V, x_H) = q(x_V) \right\}.$$

易知 M_q 为 M 的 m-平坦子流形. 接着, 给出在 B 上寻找已知分布 $q(x_V)$ 的最佳逼近点 $p(x_V, x_H; \omega^*)$ 的迭代算法. 在给出算法之前, 先介绍 e-投影和 m-投影的定义. 它们也分别称为 e-测地投影和 m-测地投影.

定义5.3 (*e*-测地投影和 *m*-测地投影)　设 N 为 M 的子流形, 点 $q(x) \in M$. 流形 N 上使得下面的 Kullback-Leibler 散度达到最小值的点分别称为 $q(x)$ 在 N 上的 e-测地投影和 m-测地投影, 或 e-投影和 m-投影:

(1) e-投影:

$$\widehat{p}(x) = \underset{p(x)\in N}{\mathrm{argmin}} K(p, q);$$

(2) m-投影:

$$\widehat{p}(x) = \underset{p(x)\in N}{\mathrm{argmin}} K(q, p).$$

投影的唯一性和子流形的曲率有密切的关系. 类似于 α-投影定理 3.3, 有如下的 e-投影和 m-投影定理.

定理5.1　设 M 为对偶平坦的流形. 如果 N 是 M 的 e-平坦子流形, 则 M 上的点在 N 上的 m-投影是唯一的. 反之, 如果 N 是 M 的 m-平坦子流形, 则 M 上的点在 N 上的 e-投影是唯一的.

算法5.1 (Boltzmann 机迭代算法)　设 Boltzmann 机的初始状态为 $p(x_V, x_H; \omega_0)$, 并设

$$p_0(x_V, x_H) = p(x_V, x_H; \omega_0),$$

则对于 $i = 1, 2, \cdots$, 有如下迭代过程:

(1) 令 $q_{i+1}(x_V, x_H) = \prod_M p_i(x_V, x_H; \omega_i)$;

(2) 令 $p_{i+1}(x_V, x_H; \omega_{i+1}) = \prod_B q_{i+1}(x_V, x_H)$,

此处 $\prod_M p$ 表示 p 到 M_q 的 e-测地投影, 而 $\prod_B q$ 表示 q 到 B 的 m-测地投影.

定理5.2　存在如下单调关系

$$K(q_i, p_i) \geqslant K(q_{i+1}, p_i) \geqslant K(q_{i+1}, p_{i+1}),$$

其中仅在投影的不动点处等号成立, 即

$$\prod_M \widehat{p} = \widehat{q}, \qquad \prod_B \widehat{q} = \widehat{p}.$$

5.1.2 随机神经网络的 em 算法

对于有噪声污染的输入-输出随机神经网络, 从信息几何的角度出发, Amari 提出了 em 算法[2]. 它与 e-投影和 m-投影有密切的联系. 此时研究的流形 S 为指数族统计流形, 是 ±1-平坦的. 子流形 M 为 S 上的一个曲指数族子流形, 且为 S 的 e-平坦子流形. 流形 D 是由 S 上的部分可观察数据所组成的, 它是 S 上的 m-平坦子流形. 由于可以得到的分布在子流形 M 上, 可观察的数据在子流形 D 上, 则可用 em 算法来解决该问题 (图 5.1).

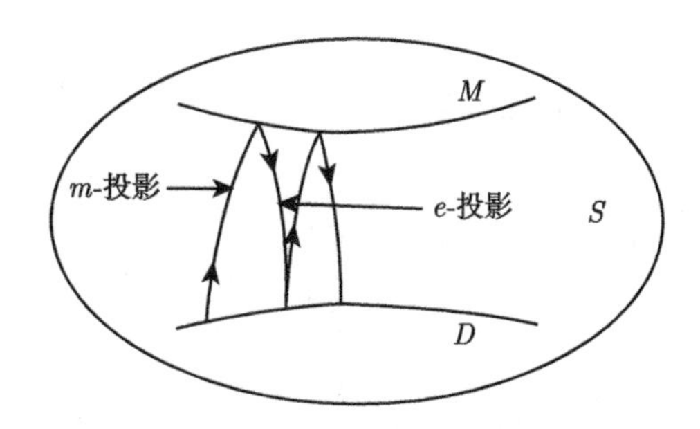

图 5.1 em 算法直观描述

算法5.2(em 算法) 选择初始估计参数值 $\hat{u}_0$, 其对应的 D 上的初始点为 $\hat{p}_0 \in D$, 从 $i=0$ 起, 重复以下步骤:

(1) e-步骤. $\prod\limits_{M}\hat{p}_i=\hat{q}_i$, 并且 $\hat{q}_i$ 给出了 Kullback-Leibler 散度 $K(q,\hat{p}_i)$ 的最小值, 其中 $q\in M$;

(2) m-步骤. $\prod\limits_{D}\hat{q}_i=\hat{p}_{i+1}$, 并且 $\hat{p}_{i+1}$ 给出了 Kullback-Leibler 散度 $K(\hat{q}_i,p)$ 的最小值, 其中 $p\in D$,

其中 $\prod\limits_{M}\hat{p}_i=\hat{q}_i$ 表示 $\hat{p}_i$ 到 M 上的 e-投影; $\prod\limits_{D}\hat{q}_i=\hat{p}_{i+1}$ 表示 $\hat{q}_i$ 到 D 上的 m-投影.

由此可以看出, 信息几何为解决估计问题提供了新的算法, 该算法的美妙之处在于其通过投影得出最优策略, 并可以保证结果的唯一存在性.

5.2 线性规划问题的信息几何方法

本节介绍利用信息几何的方法研究线性规划问题.

考虑线性规划问题[17]

$$\min f(\theta), \quad \theta \in M,$$

其中函数 $f(\theta) = c \cdot \theta = c_i\theta^i$. 定义集合

$$M = \left\{\theta \mid A_i^\mu \theta^i - b^\mu > 0, \mu = 1, 2, \cdots, m\right\},$$

其中 c_i, A_i^μ 和 b^μ 均为常数. 首先, 定义函数

$$\psi(\theta) = -\sum_{\mu=1}^{m} \log\left(A_i^\mu \theta^i - b^\mu\right).$$

可以验证函数 ψ 是凸函数, 其黑塞矩阵 $(\partial_i\partial_j\psi(\theta))$ 是正定的. 定义 M 的黎曼度量的分量为

$$g_{ij} := \partial_i\partial_j\psi(\theta) = \sum_{\mu=1}^{m} \frac{A_i^\mu A_j^\mu}{\left(A_k^\mu \theta^k - b^\mu\right)^2},$$

对偶坐标 η_i 为

$$\eta_i = \partial_i\psi = -\sum_{\mu=1}^{m} \frac{A_i^\mu}{A_k^\mu \theta^k - b^\mu}.$$

考虑梯度流

$$\dot{\theta}^i = -g^{ij}(\theta)\partial_j f(\theta) = -g^{ij}c_j,$$

其中 $\dot{\theta}^i = \dfrac{\mathrm{d}}{\mathrm{d}t}\theta^i$. 在对偶坐标系 η 下, 该梯度流等价于

$$\dot{\eta}_i = \frac{\mathrm{d}}{\mathrm{d}t}(\partial_i\psi(\theta)) = \partial_i\partial_j\psi(\theta)\dot{\theta}^j = g_{ij}\dot{\theta}^j = -c_i.$$

另外, 由于

$$\frac{\mathrm{d}}{\mathrm{d}t}f(\theta) = -g^{ij}(\theta)c_ic_j \leqslant 0,$$

等号成立当且仅当 $c_i = 0$, 即沿着 -1-测地线 $\dot{\eta}_i = 0$, 函数 $f(\theta) = c_i\theta^i$ 达到最小值.

5.3　热力学流形的信息几何结构

本节介绍信息几何在热力学中的应用. 对于一个已知的物理系统, 其平衡密度算子为

$$\rho = \frac{1}{Z}\exp\left\{-\beta^i F_i\right\}, \tag{5.1}$$

其中 Z 为配分函数, 参数集合 $\{\beta^1, \beta^2, \cdots, \beta^n\}$ 将被视为局部坐标系, 同时它描述着系统的温度、压强、磁场等物理环境参数. 算子 $F_1, F_2, \cdots, F_n$ 是线性独立的, 并满足 $F_iF_j = \delta_{ij}F_i$. 配分函数 Z 定义为

$$Z = \operatorname{tr}\left(\exp\left\{-\beta^i F_i\right\}\right),$$

则有 $\operatorname{tr}(\rho) = 1$.

对于由平衡密度算子 (5.1) 组成的集合 $S = \{\rho\}$, 我们考虑其 α-几何结构[12]. 特殊情形, 即该流形的黎曼几何结构在 [23] 中已被详细研究, 称 S 为热力学流形.

在此热力学流形 S 上, 黎曼度量的分量定义如下:

$$g_{ij} := \operatorname{tr}(\rho(\partial_i \log\rho)(\partial_j \log\rho)),$$

其中 $\partial_i\rho$ 表示热力学流形的平衡密度算子 ρ 关于参数 β 的偏导数. 定义热力学流形上的 α-联络, 其系数为

$$\begin{aligned}\Gamma_{ijk}^{(\alpha)}(\beta) =& \operatorname{tr}(\rho(\partial_i\partial_j \log\rho)(\partial_k \log\rho)) \\ &+ \frac{1-\alpha}{2}\operatorname{tr}\left(\rho(\partial_i \log\rho)(\partial_j \log\rho)(\partial_k \log\rho)\right).\end{aligned}$$

命题5.3 热力学流形 S 的 α-联络系数可等价表示为配分函数 Z 的函数:

$$\Gamma_{ijk}^{(\alpha)}(\beta) = \frac{1-\alpha}{2}\partial_i\partial_j\partial_k \log Z.$$

注5.1 由命题 5.3 可知, 上面所定义的 α-联络是无挠的, 并且 α-联络与 $-\alpha$-联络关于度量是对偶的.

注5.2 注意到当 $\alpha = 1$ 时, $\Gamma_{ijk}^{(1)} = 0$, 因此坐标系 $\{\beta\}$ 是 1-仿射的.

定理5.4 热力学流形 S 的 α-曲率可用配分函数表示为

$$R_{ijkl}^{(\alpha)} = \frac{1-\alpha^2}{4}(\partial_k\partial_m\partial_i \log Z\partial_j\partial_l\partial_n \log Z - \partial_k\partial_m\partial_j \log Z\partial_i\partial_l\partial_n \log Z)g^{mn}.$$

注5.3 由定理 5.4 可知热力学流形 S 是 ±1-平坦的.

例5.1 以二维热力学流形 S 为例:

$$S = \left\{\rho \,\middle|\, \rho = \frac{1}{Z}\exp\left\{-\beta_1 F^1 - \beta^2 F_2\right\}\right\},$$

考虑其几何结构, 其中 $\beta = (\beta^1, \beta^2)$ 为坐标系. 这时流形的度量矩阵为

$$(g_{ij}) = \begin{pmatrix} \partial_1\partial_1 \log Z & \partial_1\partial_2 \log Z \\ \partial_2\partial_1 \log Z & \partial_2\partial_2 \log Z \end{pmatrix},$$

对应的 α-高斯曲率为

$$K^{(\alpha)} = \frac{1-\alpha^2}{4(\det(g_{ij}))^2} \begin{vmatrix} \partial_1^2 \log Z & \partial_1^3 \log Z & \partial_1^2\partial_2 \log Z \\ \partial_1\partial_2 \log Z & \partial_1^2\partial_2 \log Z & \partial_1\partial_2^2 \log Z \\ \partial_2^2 \log Z & \partial_1\partial_2^2 \log Z & \partial_2^3 \log Z \end{vmatrix}.$$

当 $\alpha = 0$ 时, 该结论与 [23] 中的结论一致.

定义5.4 (非归一化的热力学流形[24]) 定义流形

$$\widetilde{S} = \left\{\widetilde{\rho} \mid \widetilde{\rho} = f(\tau)\rho, f(\tau) > 0, \mathrm{tr}(\rho) = 1\right\},$$

其中 $f(\tau)$ 是光滑函数, 则上面所介绍的热力学流形 S 可以看作是流形 $\widetilde{S}$ 的子流形, $\widetilde{S}$ 的维数 $\dim \widetilde{S} = \dim S + 1$. 流形 $\widetilde{S}$ 称为 S 的非归一化流形.

定理5.5 流形 $\widetilde{S}$ 的数量曲率为

$$\widetilde{R} = \frac{1}{f(\tau)} R - \frac{n^2 - n}{4f(\tau)},$$

其中 R 为流形 S 的数量曲率.

注5.4 特别地, 当 $n = 2$ 时, 可以得到

$$\widetilde{R} = \frac{1}{2f(\tau)\left(\det(g_{ij})\right)^2} \begin{vmatrix} \partial_1^2 \log Z & \partial_1^3 \log Z & \partial_1^2\partial_2 \log Z \\ \partial_1\partial_2 \log Z & \partial_1^2\partial_2 \log Z & \partial_1\partial_2^2 \log Z \\ \partial_2^2 \log Z & \partial_1\partial_2^2 \log Z & \partial_2^3 \log Z \end{vmatrix} - \frac{1}{2f(\tau)}.$$

5.4 熵动力模型的几何结构和稳定性

熵动力学是建立在统计流形上的理论框架, 用以揭示物理规律. 其稳定性与对应的统计流形的 Jacobi 场有密切的联系. 这里, 我们通过考虑熵动力模型对应的统计流形的 Jacobi 场, 来研究熵动力模型本身的稳定性. 通常流形的截面曲率在稳定

性的研究中起着重要的作用. 在文献 [6]–[9], 以及 [19], [21] 中, 人们不仅得到所研究的流形的 Jacobi 场的稳定性, 并能够给出不稳定性的阶数.

由测地线的定义 2.7 可知, 统计流形的测地线方程可以写成

$$\frac{\mathrm{d}^2\theta^k}{\mathrm{d}t^2}+\Gamma_{ij}^k\frac{\mathrm{d}\theta^i}{\mathrm{d}t}\frac{\mathrm{d}\theta^j}{\mathrm{d}t}=0, \tag{5.2}$$

其中 $\theta=(\theta^1,\theta^2,\cdots,\theta^n)$ 是局部坐标系.

定义5.5 考虑测地线的参数族

$$\mathcal{F}_G(\beta)=\left\{\theta^i(t;\beta)\right\}_{i=1}^n,$$

其中 θ^i 是测地线方程 (5.2) 的解, β 是积分常数向量, 则参数族 $\mathcal{F}_G(\beta)$ 中测地线的长度定义为

$$L(t;\beta):=\int\sqrt{g_{ij}\,\mathrm{d}\theta^i\,\mathrm{d}\theta^j}.$$

定义5.6 为了研究统计体积随参数的变化, 我们定义统计流形 (更一般地, 黎曼流形) 的体积元为

$$\mathrm{d}V=\sqrt{g}\,\mathrm{d}\theta^1\wedge\mathrm{d}\theta^2\wedge\cdots\wedge\mathrm{d}\theta^n,$$

其中 $g=\det(g_{ij})$, 则体积变化 ΔV 和平均体积变化 $\langle\Delta V\rangle$ 分别定义为

$$\Delta V(t)=V(t)-V(0):=\int_{V(0)}^{V(t)}\mathrm{d}V$$

和

$$\langle\Delta V(t)\rangle:=\frac{1}{t}\int_0^t\Delta V(\tau)\,\mathrm{d}\tau.$$

由定义 2.11 可知, 流形上 Jacobi 场 J 满足的方程为

$$\nabla_{\dot\gamma(t)}\nabla_{\dot\gamma(t)}J+R(\dot\gamma(t),J)\dot\gamma(t)=0,$$

其中 $\gamma(t)$ 为测地线. 在局部坐标系下, 它可以表示成

$$\frac{\nabla^2J^i}{\mathrm{d}t^2}+R_{kml}^i\frac{\mathrm{d}\theta^k}{\mathrm{d}t}\frac{\mathrm{d}\theta^l}{\mathrm{d}t}J^m=0, \tag{5.3}$$

其中协变导数由下式给出

$$\begin{aligned}\frac{\nabla^2 J^i}{\mathrm{d}t^2} =& \frac{\mathrm{d}^2 J^i}{\mathrm{d}t^2} + 2\Gamma^i_{kl}\frac{\mathrm{d}\theta^l}{\mathrm{d}t}\frac{\mathrm{d}J^k}{\mathrm{d}t} + \Gamma^i_{kl}\frac{\mathrm{d}^2\theta^l}{\mathrm{d}t^2}J^k \\ &+ \Gamma^i_{kl,j}\frac{\mathrm{d}\theta^j}{\mathrm{d}t}\frac{\mathrm{d}\theta^l}{\mathrm{d}t}J^k + \Gamma^i_{jk}\Gamma^j_{ml}\frac{\mathrm{d}\theta^k}{\mathrm{d}t}\frac{\mathrm{d}\theta^l}{\mathrm{d}t}J^m.\end{aligned} \tag{5.4}$$

通常, Jacobi 场的稳定性可由其模长来衡量, 即

$$J := \sqrt{J^i J_i} = \sqrt{g_{ij}J^i J^j}.$$

例5.2　假设熵动力模型的结构完全由对应的统计流形来决定. 考虑概率分布族[21]

$$p(x;\theta) = \frac{1}{\Gamma(\rho)}\left(\frac{\rho}{\mu_1}\right)^{\rho} x_1^{\rho-1}\exp\left(-\frac{\rho}{\mu_1}x_1\right)\cdot\frac{1}{\sqrt{2\pi\sigma^2}}\exp\left(-\frac{(x_2-\mu_2)^2}{2\sigma^2}\right),$$

其中 ρ 为常数, 局部坐标选为 $\theta^1 = \mu_1$, $\theta^2 = \mu_2$ 以及 $\theta^3 = \sigma$, Gamma 函数定义为

$$\Gamma(\rho) = \int_0^{\infty} x^{\rho-1}\mathrm{e}^{-x}\,\mathrm{d}x.$$

事实上, 它是 Gamma 分布和正态分布的联合分布. 定义统计流形

$$M = \left\{p(x;\theta) \mid x \in \mathbb{R}^+ \times \mathbb{R},\ \theta = (\mu_1, \mu_2, \sigma)\right\}.$$

直接计算可以得到 M 的 Fisher 度量矩阵为

$$(g_{ij})_M = \begin{pmatrix} \dfrac{\rho^2\Gamma(\rho) - 2\rho\Gamma(\rho+1) + \Gamma(\rho+2)}{\mu_1^2\Gamma(\rho)} & 0 & 0 \\ 0 & \dfrac{1}{\sigma^2} & 0 \\ 0 & 0 & \dfrac{2}{\sigma^2} \end{pmatrix}.$$

非零的联络系数为

$$\Gamma^1_{11} = -\frac{1}{\mu_1},\quad \Gamma^3_{22} = \frac{1}{2\sigma},\quad \Gamma^2_{23} = \Gamma^2_{32} = -\frac{1}{\sigma},\quad \Gamma^3_{33} = -\frac{1}{\sigma}.$$

非零 Ricci 曲率为

$$R_{22} = -\frac{1}{2\sigma^2},\quad R_{33} = -\frac{1}{\sigma^2},$$

则 M 的数量曲率满足

$$R_M = -1 < 0.$$

这意味着流形 M 是具有负常数量曲率的流形.

将联络系数代入式 (2.7) 可得测地线方程

$$\frac{\mathrm{d}^2\mu_1}{\mathrm{d}t^2} = \frac{1}{\mu_1}\left(\frac{\mathrm{d}\mu_1}{\mathrm{d}t}\right)^2, \quad \frac{\mathrm{d}^2\mu_2}{\mathrm{d}t^2} = \frac{2}{\sigma}\frac{\mathrm{d}\mu_2}{\mathrm{d}t}\frac{\mathrm{d}\sigma}{\mathrm{d}t},$$
$$\frac{\mathrm{d}^2\sigma}{\mathrm{d}t^2} = \frac{1}{\sigma}\left(\left(\frac{\mathrm{d}\sigma}{\mathrm{d}t}\right)^2 - \frac{1}{2}\left(\frac{\mathrm{d}\mu_2}{\mathrm{d}t}\right)^2\right).$$

其解为

$$\mu_1 = A_1\left(\cosh(\beta_1 t) - \sinh(\beta_1 t)\right),$$
$$\mu_2 = \frac{B_1^2}{2\xi_1}\frac{1}{\cosh(2\xi_1 t) - \sinh(2\xi_1 t) + \dfrac{\xi_2^2}{8\xi_1^2}} + C_1,$$
$$\sigma = B_1\frac{\cosh(\xi_1 t) - \sinh(\xi_1 t)}{\cosh(2\xi_1 t) - \sinh(2\xi_1 t) + \dfrac{\xi_2^2}{8\xi_1^2}},$$

其中 $\beta_1, \xi_1, \xi_2, A_1, B_1$ 以及 C_1 是积分常数.

为简单起见, 假设 $C_1 = 0$, $A_1 = B_1 = \xi_2 = A > 0$ 和 $\beta_1 = \xi_1 = \beta$, 则测地线的长度为

$$L(t;\beta) = \int_0^t \left(\frac{\rho^2\Gamma(\rho) - 2\rho\Gamma(\rho+1) + \Gamma(\rho+2)}{\mu_1^2\Gamma(\rho)}\left(\frac{\mathrm{d}\mu_1}{\mathrm{d}\tau}\right)^2\right.$$
$$\left. + \frac{1}{\sigma^2}\left(\frac{\mathrm{d}\mu_2}{\mathrm{d}\tau}\right)^2 + \frac{2}{\sigma^2}\left(\frac{\mathrm{d}\sigma}{\mathrm{d}\tau}\right)^2\right)^{\frac{1}{2}}\mathrm{d}\tau$$
$$= \sqrt{\frac{(\rho^2+2)\Gamma(\rho) - 2\rho\Gamma(\rho+1) + \Gamma(\rho+2)}{\Gamma(\rho)}}\beta t.$$

为了研究两条非常接近的测地线之间的差异, 对于参数 β 和 $\beta + \delta\beta$, 考虑下面的差值

$$\Delta L = |L(t;\beta+\delta\beta) - L(t;\beta)|$$
$$= \sqrt{\frac{(\rho^2+2)\Gamma(\rho) - 2\rho\Gamma(\rho+1) + \Gamma(\rho+2)}{\Gamma(\rho)}}(\delta\beta)t.$$

显然随着时间变大, ΔL 是发散的.

流形 M 的体积元 $\mathrm{d}V$ 满足

$$
\begin{aligned}
\mathrm{d}V &= \sqrt{g}\,\mathrm{d}\mu_1\,\mathrm{d}\mu_2\,\mathrm{d}\sigma \\
&= \sqrt{\frac{2(\rho^2\Gamma(\rho)-2\rho\Gamma(\rho+1)+\Gamma(\rho+2))}{\Gamma(\rho)}\frac{1}{\mu_1\sigma^2}}\,\mathrm{d}\mu_1\,\mathrm{d}\mu_2\,\mathrm{d}\sigma,
\end{aligned}
$$

因此可以得到 M 上的体积变化为

$$
\begin{aligned}
\Delta V &= \int_{\sigma(0)}^{\sigma(t)}\int_{\mu_2(0)}^{\mu_2(t)}\int_{\mu_1(0)}^{\mu_1(t)}\sqrt{g}\,\mathrm{d}\mu_1\,\mathrm{d}\mu_2\,\mathrm{d}\sigma \\
&= \sqrt{\frac{\rho^2\Gamma(\rho)-2\rho\Gamma(\rho+1)+\Gamma(\rho+2)}{2\Gamma(\rho)}}\left(t\exp(\beta t)-\frac{\log A}{\beta}\exp(\beta t)+\frac{\log A}{\beta}\right),
\end{aligned}
$$

则平均体积变化为

$$
\begin{aligned}
\langle\Delta V\rangle =& \sqrt{\frac{\rho^2\Gamma(\rho)-2\rho\Gamma(\rho+1)+\Gamma(\rho+2)}{2\Gamma(\rho)}} \\
&\times\frac{1}{t}\left(\frac{\beta t-1}{\beta^2}\exp(\beta t)-\frac{\log A}{\beta^2}\exp(\beta t)+\frac{\log A}{\beta}t\right).
\end{aligned}
$$

当 t 充分大时, 有

$$
\langle\Delta V\rangle \approx \sqrt{\frac{\rho^2\Gamma(\rho)-2\rho\Gamma(\rho+1)+\Gamma(\rho+2)}{2\Gamma(\rho)}}\frac{\exp(\beta t)}{\beta},
$$

即平均体积变化是指数级发散的.

接下来, 我们在之前特定的参数条件下考虑 Jacobi 场的稳定性, 此时测地线由下面的公式给出

$$
\theta^1 = A\exp(\beta t),\quad \theta^2 = \frac{A^2}{2\beta}\frac{1}{\exp(-2\beta t)+\dfrac{A^2}{8\beta^2}},\quad \theta^3 = A\frac{\mathrm{e}^{-\beta t}}{\exp(-2\beta t)+\dfrac{A^2}{8\beta^2}}.
$$

由式 (5.3) 和 (5.4), 得到 Jacobi 方程

$$
\begin{aligned}
&\frac{\mathrm{d}^2J^1}{\mathrm{d}t^2}+2\Gamma_{11}^1\frac{\mathrm{d}\theta^1}{\mathrm{d}t}\frac{\mathrm{d}J^1}{\mathrm{d}t}+\partial_1\Gamma_{11}^1\left(\frac{\mathrm{d}\theta^1}{\mathrm{d}t}\right)^2J^1=0, \\
&\frac{\mathrm{d}^2J^2}{\mathrm{d}t^2}+2\left(\Gamma_{23}^2\frac{\mathrm{d}\theta^3}{\mathrm{d}t}\frac{\mathrm{d}J^2}{\mathrm{d}t}+\Gamma_{32}^2\frac{\mathrm{d}\theta^2}{\mathrm{d}t}\frac{\mathrm{d}J^3}{\mathrm{d}t}\right)+\partial_3\Gamma_{23}^2\left(\frac{\mathrm{d}\theta^3}{\mathrm{d}t}\right)^2J^2
\end{aligned}
$$

$$
\begin{aligned}
&+\Gamma_{32}^{2}\Gamma_{33}^{3}\left(\frac{\mathrm{d}\theta^{3}}{\mathrm{d}t}\right)^{2}J^{2}=\frac{R_{2323}}{g_{22}}\left(\frac{\mathrm{d}\theta^{2}}{\mathrm{d}t}\frac{\mathrm{d}\theta^{3}}{\mathrm{d}t}J^{3}-\left(\frac{\mathrm{d}\theta^{3}}{\mathrm{d}t}\right)^{2}J^{2}\right),\\
&\frac{\mathrm{d}^{2}J^{3}}{\mathrm{d}t^{2}}+2\left(\Gamma_{22}^{3}\frac{\mathrm{d}\theta^{2}}{\mathrm{d}t}\frac{\mathrm{d}J^{2}}{\mathrm{d}t}+\Gamma_{33}^{3}\frac{\mathrm{d}\theta^{3}}{\mathrm{d}t}\frac{\mathrm{d}J^{3}}{\mathrm{d}t}\right)+\partial_{3}\Gamma_{33}^{3}\left(\frac{\mathrm{d}\theta^{3}}{\mathrm{d}t}\right)^{2}J^{3}\\
&+\Gamma_{22}^{3}\Gamma_{23}^{2}\frac{\mathrm{d}\theta^{2}}{\mathrm{d}t}\frac{\mathrm{d}\theta^{3}}{\mathrm{d}t}=\frac{R_{2323}}{g_{33}}\left(\frac{\mathrm{d}\theta^{2}}{\mathrm{d}t}\frac{\mathrm{d}\theta^{3}}{\mathrm{d}t}J^{2}-\left(\frac{\mathrm{d}\theta^{2}}{\mathrm{d}t}\right)^{2}J^{3}\right).
\end{aligned}
$$

将曲率张量和测地线代入之后 (并且利用 $t\to\infty$ 来近似), 得到

$$
\begin{aligned}
&\frac{\mathrm{d}^{2}J^{1}}{\mathrm{d}t^{2}}+2\beta\frac{\mathrm{d}J^{1}}{\mathrm{d}t}+\beta^{2}J^{1}=0,\\
&\frac{\mathrm{d}^{2}J^{2}}{\mathrm{d}t^{2}}+\left(2\beta+\frac{16\beta^{2}}{A}\exp(-\beta t)\right)\frac{\mathrm{d}J^{2}}{\mathrm{d}t}+\left(\beta^{2}-\frac{8\beta^{3}}{A}\exp(-\beta t)\right)J^{3}=0,\\
&\frac{\mathrm{d}^{2}J^{3}}{\mathrm{d}t^{2}}+\left(2\beta-\frac{8\beta^{2}}{A}\exp(-\beta t)\right)\frac{\mathrm{d}J^{3}}{\mathrm{d}t}\\
&\qquad+\left(\beta^{2}-\frac{32\beta^{4}}{A^{2}}\exp(-\beta t)\right)J^{3}-\frac{8\beta^{3}}{A}\exp(-\beta t)J^{2}=0.
\end{aligned}
$$

再次, 由于我们需要的是 $t\to\infty$ 时的结果, 所以可以利用以下极限来化简上面的方程

$$
\begin{aligned}
&\lim_{t\to\infty}\left(\frac{8\beta^{3}}{A}\exp(-\beta t)J^{2}\right)=0,\\
&\lim_{t\to\infty}\left(\frac{8\beta^{2}}{A}\exp(-\beta t)\frac{\mathrm{d}J^{2}}{\mathrm{d}t}\right)=0,\\
&\lim_{t\to\infty}\left(\frac{16\beta^{2}}{A}\exp(-\beta t)\frac{\mathrm{d}J^{3}}{\mathrm{d}t}\right)=0.
\end{aligned}
$$

Jacobi 方程 (近似地) 变为

$$
\begin{aligned}
&\frac{\mathrm{d}^{2}J^{1}}{\mathrm{d}t^{2}}+2\beta\frac{\mathrm{d}J^{1}}{\mathrm{d}t}+\beta^{2}J^{1}=0,\\
&\frac{\mathrm{d}^{2}J^{2}}{\mathrm{d}t^{2}}+2\beta\frac{\mathrm{d}J^{2}}{\mathrm{d}t}+\beta^{2}J^{3}=0,\\
&\frac{\mathrm{d}^{2}J^{3}}{\mathrm{d}t^{2}}+2\beta\frac{\mathrm{d}J^{3}}{\mathrm{d}t}+\beta^{2}Ja^{3}=0.
\end{aligned}
$$

此时, 可以求出以上方程的一般解

$$
\begin{aligned}
J^1 &= (a_1 + a_2 t)\exp(-\beta t), \\
J^2 &= (a_3 + a_4 t)\exp(-\beta t) - \frac{1}{2\beta} a_5 \exp(-2\beta t) + a_6, \\
J^3 &= (a_3 + a_4 t)\exp(-\beta t),
\end{aligned}
$$

其中 $a_i (i = 1, 2, \cdots, 6)$ 是积分常数. 所以 Jacobi 场 J 满足

$$
\begin{aligned}
J &= \sqrt{\frac{\rho^2\Gamma(\rho) - 2\rho\Gamma(\rho+1) + \Gamma(\rho+2)}{\mu_1^2\Gamma(\rho)} (J^1)^2 + \frac{1}{\sigma^2}(J^2)^2 + \frac{2}{\sigma^2}(J^3)^2} \\
&\approx \frac{|Aa_6|}{8\beta^2}\exp(\beta t),
\end{aligned}
$$

即该统计流形 M 上的测地线对应的 Jacobi 场是指数阶发散的.

注5.5　关于测地线的稳定性, 也可以用 Lyapunov 指数来衡量, 感兴趣的读者可以参考 [14] 和 [22].

参 考 文 献

[1] Amari S, Kurata K, Nagaoka H. Information geometry of Boltzmann machines. IEEE Trans. Neural Netw., 1992, 3: 260–271.

[2] Amari S. Information geometry of the EM and em algorithm for neural networks. Neural Networks, 1995, 8: 1379–1408.

[3] Amari S. Information geometry on hierarchy of probability Distributions. IEEE Trans. Information Theory, 2001, 47: 1701–1711.

[4] Amari S. Information geometry of multilayer perceptron. International Congress Series, 2004, 1269: 3–5.

[5] Cafaro C, Ali S A. Jacobi fields on statistical manifolds of negative curvature. Physica D, 2007, 234: 70–80.

[6] Cafaro C, Ali S A. Can chaotic quantum energy levels statistics be characterized using information geometry and inference methods? Physica A, 2008, 387: 6876–6894.

[7] Cafaro C. Information-geometric indicators of chaos in gaussian models on statistical manifolds of negative Ricci curvature. Int. J. Theor. Phys., 2008, 47: 2924–2933.

[8] Cafaro C. Works on an information geometrodynamical approach to chaos. Chaos, Soliton Fract., 2009, 41: 886–891.

[9] Cafaro C, Ali S A, Giffin A. An application of reversible entropic dynamics on curved statistical manifolds. AIP Conf. Proc., 2006, 872: 243–251.

[10] Cafaro C, Giffin A, Ali S A, et al. Reexamination of an information geometric construction of entropic indicators of complexity. Appl. Math. Comput., 2010, 217: 2944–2951.

[11] Cafaro C, Mancini S. Quantifying the complexity of geodesic paths on curved statistical manifolds though information geometric entropies and Jacobi fields. Physica D, 2011, 240: 607–618.

[12] Cao L, Sun H, Wu L. Information geometry of the thermodynamic manifold. Nuovo Cimento B., 2008, 123: 593–598.

[13] Cao L, Li D, Zhang E, et al. A statistical cohomogeneity one metric on the upper plane with constant negative curvature. Adv. Math. Phys., 2014, Article ID 832683.

[14] Casetti L, Clementi C, Pettini M. Riemannian theory of Hamiltonian chaos and Lyapunov exponents. Phys. Rev. E, 1996, 54: 5469–5984.

[15] Casetti L, Pettini M, Cohen E G D. Geometric approach to Hamiltonian dynamics and statistical mechanics. Phys. Rep. A, 2000, 337: 237–341.

[16] Fiori S, Amari S. Geometrical methods in neural networks and learning. Neurocomputing, 2005, 67: 1–7.

[17] Fujiwara A, Amari S. Dualistic dynamical systems in the framework of information geometry. Physica D, 1995, 80: 317–327.

[18] Li C, Sun H, Zhang S. Characterization of the complexity of an ED model via information geometry. EPJ Plus, 2013, 128: 1–6.

[19] Li C, Peng L, Sun H. Entropic dynamical models with unstable Jacobi fields. Rom. Journ. Phys., 2015, 60: 1249–1262.

[20] Murata N, Yoshizawa S, Amari S. Network information criterion-determining the number of hidden units for an artificial neural network model. IEEE Trans. Neural Netw., 1994, 5: 865–872.

[21] Peng L, Sun H, Sun D, et al. The geometric structures and instability of entropic

dynamical models. Adv. Math., 2011, 227: 459–471.

[22] Peng L, Sun H, Xu G. Information geometric characterization of the complexity of fractional Brownian motions. J. Math. Phys., 2012, 53: 123305.

[23] Portesi M, Plastino A, Pennini F. Information geometry and phase transitions. Int. J. Mod. Phys. B, 2006, 20: 5250–5253.

[24] Wu L, Sun H, Zhang Z. Geometrical description of denormalized thermodynamic manifold. Chin. Phys. B, 2009, 18: 3790–3794.

第 6 章　信息几何与控制

微分几何可以将仿射非线性系统精确线性化, 这是微分几何的一个非常重要的应用. 本章侧重于用几何结构来分析控制系统, 用信息几何方法来研究控制问题, 特别是在可逆线性系统、带有反馈增益的线性系统, 以及随机分布控制系统中的应用.

6.1　线性系统的几何结构

本节介绍信息几何方法在线性系统中的应用. 具体地, 介绍单输入-单输出的极小相位系统的几何结构, 以及带有反馈的线性常定、时变系统的几何结构.

6.1.1　可逆线性系统的几何

早在 1987 年[1], Amari 首次提出用信息几何的方法研究线性系统. 众所周知, 线性系统是保持状态, 并可将输入时间序列线性地转换成输出时间序列的系统. 因此, 如果将白噪声输入到一个稳定的线性系统内, 则输出的时间序列一定也是稳定的. 基于这个理论基础, Amari 将线性系统和时间序列相结合进行研究. 他研究了单输入-单输出的极小相位系统:

$$x_t = H(z)\varepsilon_t,$$

其中 $H(z)=\sum_{i=0}^{\infty} h_i z^{-i}$ 称为传递函数. 当输入 ε_t 为高斯白噪声时, 稳定的随机输出 x_t 的谱密度函数 $S(\omega)$ 与传递函数 $H(z)$ 之间是一一对应的, 研究谱密度函数相当于研究该系统.

谱密度函数 $0<S(\omega)<\infty$ 的全体可构成 Banach 空间, 可以在其上定义度量、联络等几何量, 达到从几何角度研究的目的. 为了研究由谱密度函数全体所构成的流形的 α-几何结构, 首先介绍 $S(\omega)$ 的 α-表示

$$R^{\alpha}=\begin{cases}-\dfrac{1}{\alpha}S(\omega)^{-\alpha}, & \alpha\neq 0,\\ \log S(\omega), & \alpha=0.\end{cases}$$

在局部坐标系下, 谱密度函数 $S(\omega)$ 的 α-表示为

$$R^{\alpha}=\sum_i c_i^{(\alpha)}e_i(\omega),$$

其中

$$e_0(\omega)=1,\quad e_i(\omega)=\sqrt{2}\cos\omega t,\quad t=1,2,\cdots,$$

$c_i^{(\alpha)}$ 可以看成是由谱密度函数 $S(\omega)$ 所构成的流形的 α-坐标系. 通过定义黎曼度量、对偶联络, 可以得到谱密度函数所构成的流形是 α-平坦的. 基于所得到的 α-几何结构, 通过定义 α-散度来衡量两个系统所对应的输出谱密度函数之间的差异

$$D_{\alpha}=\begin{cases}(2\pi a^2)^{-1}\displaystyle\int\left\{(S_2/S_1)^{\alpha}-1-\alpha\log(S_2/S_1)\right\}\mathrm{d}\omega, & \alpha\neq 0,\\ (4\pi)^{-1}\displaystyle\int(\log S_2-\log S_1)^2\,\mathrm{d}\omega, & \alpha=0.\end{cases}$$

借助于几何结构, 可以有效地解决系统的估计、辨识和随机实现等问题[1].

6.1.2　带有反馈的线性系统的几何结构

现在将介绍几何方法在带有反馈增益的线性系统中的应用, 如带有状态反馈增益的线性常定、时变系统, 以及带有输出反馈增益的线性常定系统.

带有状态反馈增益的线性常定系统可以表示为

$$\begin{cases}\dot{x}(t)=Ax(t)+Bu(t),\\ u(t)=Fx(t),\end{cases}\tag{6.1}$$

其中 A 为系统矩阵, B 为输入矩阵, F 为状态反馈增益, $x(t)$ 为状态向量, $u(t)$ 为系统输入. 因此式 (6.1) 也可以写成 $\dot{x}(t)=(A+BF)x(t)$.

借助于 Lyapunov 方程, 可以得到可镇定的状态反馈增益集合的参数化 [5–8].

定理6.1　(1) *对于一个正定矩阵* $Q\in SPD(n)$, *存在可镇定的状态反馈增益* $F(t)$, *满足*

$$(A+BF)\,P+P\,(A+BF)^{\mathrm{T}}+Q=0\tag{6.2}$$

的充分必要条件为 $P \in SPD(n)$ 且满足

$$\left(I - BB^{\dagger}\right)\left(AP + PA^{\mathrm{T}} + Q\right)\left(I - BB^{\dagger}\right) = 0, \tag{6.3}$$

其中 $B^{\dagger}$ 表示矩阵 B 的广义逆;

(2) 当 $P \in SPD(n)$ 满足式 (6.3) 时, 满足式 (6.2) 的 F 可由下式给出

$$F = -B^{\dagger}\left(AP + PA^{\mathrm{T}} + Q\right)\left(I - \frac{1}{2}BB^{\dagger}\right)P^{-1} - B^{\dagger}SP^{-1}, \tag{6.4}$$

其中 $S \in \mathbb{R}^{n\times n}$ 为反对称矩阵, 并且满足

$$S = BB^{\dagger}SBB^{\dagger}. \tag{6.5}$$

注6.1 (1) $SPD(n; A, B)$ 表示满足式 (6.3) 的所有 $n\times n$ 的正定矩阵 P 的集合;

(2) $Skew(n; B)$ 表示所有满足式 (6.5) 的 $n\times n$ 的反对称矩阵 S 的集合;

(3) $\mathcal{F}_S(A, B)$ 表示满足式 (6.4) 的所有可镇定的状态反馈增益 F 的集合.

由定理 6.1 知 $\mathcal{F}_S(A, B)$ 微分同胚于 $SPD(n; A, B) \times Skew(n; B)$, 进而通过分析笛卡儿积 $SPD(n; A, B) \times Skew(n; B)$ 的几何结构, 间接地用几何方法研究 $\mathcal{F}_S(A, B)$.

首先给出 $SPD(n) \times Skew(n)$ 上的几何结构[6]. 将 $SPD(n) \times Skew(n)$ 视为纤维丛, 则可在其上定义度量和对偶联络:

$$\begin{aligned}
&f_{\mu\lambda}(P) = -\frac{1}{2}\operatorname{tr}\left(P^{-1}\tilde{E}_{\mu}P^{-1}\tilde{E}_{\lambda}\right),\\
&\widetilde{\Gamma}_{i\mu\lambda}(P) = 0,\\
&\widetilde{\Gamma}^{*}_{i\mu\lambda}(P) = -\operatorname{tr}\left\{P^{-1}E_iP^{-1}\tilde{E}_{\mu}P^{-1}\tilde{E}_{\lambda}\right\},
\end{aligned}$$

其中

$$\tilde{E}_{\mu} := \tilde{E}_{\tilde{\sigma}(i,j)} = E_{ij} - E_{ji}, \quad i < j$$

是 $\dfrac{n(n-1)}{2}$ 维向量空间 $Skew(n)$ 的基矩阵. E_{ij} 表示在第 i 行第 j 列位置上为 1 其余位置为 0 的方阵, 并且 $\tilde{\sigma}$ 是调节整数对 (i, j) 的适当的规则, 即

$$\tilde{\sigma}(i, j) = \mu, \quad 1 \leqslant i \leqslant j \leqslant n, \quad 1 \leqslant \mu \leqslant \tilde{N} := \frac{n(n-1)}{2}.$$

由于 $SPD(n;A,B)\times Skew(n;B)$ 可视作 $SPD(n)\times Skew(n)$ 上的子流形, 则可定义 $SPD(n;A,B)\times Skew(n;B)$ 上的度量和对偶联络:

$$
\begin{aligned}
&f_{\alpha\beta}(\gamma)=\widetilde{J}_{\alpha}^{\mu}\widetilde{J}_{\beta}^{\lambda}f_{\mu\lambda}(\eta),\\
&\widetilde{\Gamma}_{a\alpha\beta}(\gamma)=0,\\
&\widetilde{\Gamma}^{*}_{a\alpha\beta}(\gamma)=J_{a}^{i}\widetilde{J}_{\alpha}^{\mu}\widetilde{J}_{\beta}^{\lambda}\widetilde{\Gamma}_{a\alpha\beta}+\left(\partial_{a}\widetilde{J}_{\alpha}^{\mu}\right)\widetilde{J}_{\beta}^{\lambda}f_{\alpha\beta},
\end{aligned}
$$

其中 $\widetilde{J}_{\alpha}^{\mu}=\dfrac{\partial\eta^{\mu}}{\partial\gamma^{\alpha}}$ 表示子流形上的坐标系 γ 和母流形上的坐标系 η 之间的坐标变换.

定理6.2 向量从 $SPD(n;A,B)\times Skew(n;B)$ 关于对偶联络 ∇ 和 ∇^{*} 是平坦的.

类似地, 可以借助几何的方法研究带有状态反馈增益的线性时变系统[16], 以及带有输出反馈增益的线性常定系统[14]. 例如, 带有输出反馈增益的线性常定系统:

$$
\begin{cases}
\dot{x}(t)=Ax(t)+Bu(t),\\
y(t)=Cx(t),\\
u(t)=Hy(t),
\end{cases}\tag{6.6}
$$

即

$$
\dot{x}(t)=(A+BHC)x(t),
$$

其中 $x(t)\in\mathbb{R}^{n}$ 是 n 维状态向量, $u(t)\in\mathbb{R}^{m}$ 是 m 维控制输入向量, $y(t)\in\mathbb{R}^{l}$ 是 l 维输出向量, $H\in\mathbb{R}^{m\times l}$ 是输出反馈增益. 同时假设 B 是列满秩的, 并且 C 是行满秩的.

由如下定理可以得到可镇定的输出反馈增益集合的一个参数化.

定理6.3 (1) 如果输出反馈增益 H 满足

$$
BB^{\dagger}PC^{\mathrm{T}}H^{\mathrm{T}}B^{\mathrm{T}}(CP)^{\dagger}CP=PC^{\mathrm{T}}H^{\mathrm{T}}B^{\mathrm{T}},\tag{6.7}
$$

则 H 是可镇定的输出反馈增益, 即对于某一 $Q\in SPD(n)$, H 满足 Lyapunov 方程

$$
(A+BHC)P+P(A+BHC)^{\mathrm{T}}+Q=0,\tag{6.8}
$$

当且仅当 $P\in SPD(n)$ 并且满足

$$
BB^{\dagger}\left(AP+PA^{\mathrm{T}}+Q\right)(CP)^{\dagger}CP=AP+PA^{\mathrm{T}}+Q;\tag{6.9}
$$

(2) 当 $P \in SPD(n)$ 满足式 (6.9), 任意的满足式 (6.7) 和 (6.8) 的 H 由下式给出

$$H = -\frac{1}{2}B^{\dagger}\left(AP + PA^{\mathrm{T}} + Q\right)(CP)^{\dagger} - B^{\dagger}S(CP)^{\dagger}, \tag{6.10}$$

其中 $S \in \mathbb{R}^{n\times n}$ 是一个反对称矩阵并满足

$$S = BB^{\dagger}S(CP)^{\dagger}CP. \tag{6.11}$$

相应于定理 6.3, 有如下记号:

(1) $SPD(n; A, B, C, Q)$ 表示满足式 (6.9) 的 $n \times n$ 正定矩阵 P 的集合;

(2) $Skew(n; B, P, C)$ 表示满足式 (6.11) 的 $n \times n$ 反对称矩阵 S 的集合;

(3) $\mathcal{H}_s(A, B, C)$ 表示由式 (6.9) 和 (6.11) 所确定的系统 (6.6) 的可镇定的输出反馈增益 H 的集合.

由定理 6.3 可知 $\mathcal{H}_s(A, B, C)$ 与 $SPD(n; A, B, C, Q) \times Skew(n; B, P, C)$ 微分同胚, 进而可以通过研究 $SPD(n; A, B, C, Q) \times Skew(n; B, P, C)$ 的几何结构达到从几何的角度研究 $\mathcal{H}_s(A, B, C)$ 的目的.

同时, 借助于 $SPD(n; A, B, C, Q) \times Skew(n; B, P, C)$ 可以得到稳定的系统矩阵的特征值范围, 即如下定理.

定理6.4 在复平面上, 稳定的输出反馈系统矩阵 $A + BHC$ 的特征值存在的范围由 $(P, S) \in SPD(n; A, B, C, Q) \times Skew(n; B, P, C)$ 所制约, 即

$$-\frac{1}{2}\lambda_{\max}\left\{QP^{-1}\right\} \leqslant \mathrm{Re}(\lambda\{A + BHC\}) \leqslant -\frac{1}{2}\lambda_{\min}\left\{QP^{-1}\right\},$$

$$|\mathrm{Im}(\lambda\{A + BHC\})| \leqslant \lambda_{\max}\left\{\mathrm{i}(S_0(P) - S)P^{-1}\right\},$$

其中 i 表示虚数单位, S_0 的意义请见文献 [16].

6.2 随机分布控制系统的几何控制

随机控制系统是很常用的系统. 这是因为几乎所有的控制系统都受制于随机信号. 如传感器的噪声, 系统参数的随机微小变化等, 都会对控制系统产生随机影响.

例如, 在造纸工艺中, 当生产线正常生产时, 得到的成品纸张的重量及密度都近似地服从正态分布. 但当生产线发生异常时, 这些描述纸张质量的参数就不再服

从正态分布了. 这时就需要调节生产线的可控变量, 使得这些质量参数重新服从正态分布. 在实际中, 描述系统的参数并不能总是保证服从正态分布的, 也就是说, 如何研究更一般的非高斯型的随机系统变得尤为重要. 于是, 随机分布控制应运而生[4].

随机分布控制[4] 是指系统的控制器决定了系统输出所服从的概率密度函数的形状, 控制的任务是通过设计控制器, 使得系统输出所服从的概率密度函数与目标概率密度函数尽可能接近. 所以形象地说, 随机分布控制也被认为是对概率密度函数形状的控制. 其成功地克服了目前最小方差控制仅能研究高斯型随机控制系统的局限.

1998 年以来, 随机分布控制研究经历了如下发展阶段[9, 10]: ① 基于输出概率密度函数控制的 B-spline 估计; ② 基于输出概率密度函数控制的输入-输出模型; ③ 当系统受随机参数影响时, 输出概率密度函数模型的建立和控制; ④ 基于输出概率密度函数控制的迭代算法; ⑤ 最小熵控制; ⑥ 在数据驱动模型、数据还原和复杂工业过程的应用.

Dodson 和 Wang [2] 首次将信息几何的思想引入到随机分布控制系统中. 论文[2] 给出了当随机分布控制系统的输出服从 Gamma 概率密度函数时控制器的两种设计方法. 其一, 用信息几何理论中的测地线得到对控制器的设计方法; 其二, 利用 B-spline 函数得到的控制方法. 同时, 此论文也将这两种设计方法进行了比较.

对于系统的结构未知、系统输出可测的随机分布控制系统, 通过引入 B-spline 流形, 借助于自然梯度-投影算法和测地-投影算法可给出随机分布控制系统的控制策略[13, 15].

本节将在流形上借助于几何的方法研究多输入-单输出随机分布控制系统[11], 以及带输出反馈的多输入-单输出闭环随机系统[12].

首先, 介绍带有随机噪声的多输入-单输出的随机分布控制系统. 该随机系统的数学模型通过下面的方式与系统的输入向量 $u_k = \left(u_k^1, u_k^2, \cdots, u_k^n\right) \in \mathbb{R}^n$ 和随机噪声 $\omega_k \in \mathbb{R}^1$ 相关联:

$$y_k = f(u_k, \omega_k), \tag{6.12}$$

其中 $f(\cdot)$ 是描述系统结构的已知的非线性函数, ω_k 是服从于概率密度函数 $p_\omega(x)$

的噪声项 (图 6.1).

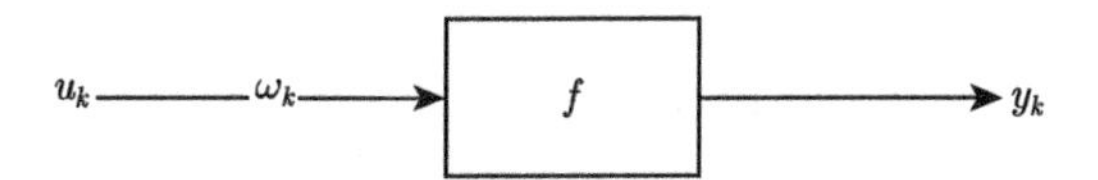

图 6.1 多输入-单输出的随机分布控制系统

由式 (6.12) 可以得到随机分布控制系统输出所服从的概率密度函数为

$$p(y;u) = p_\omega\left(f^{-1}(y;u)\right)\frac{\partial f^{-1}(y,u)}{\partial y}.$$

注6.2 做如下的假设:

(1) 假设输出概率密度函数 $p(y;u)$ 关于所有的变量 (y,u) 至少是 C^2 的;

(2) 函数 $y=f(u,\omega)$ 关于 ω 的逆存在, 记为 $\omega=f^{-1}(y,u)$, 并且其关于所有变量 (y,u) 至少是 C^2 的.

随机分布控制系统输出所服从的概率密度函数 $p(y;u)$ 的形状是由输入向量 u 所决定的, 控制的目标是希望通过调节 u 使得系统输出所服从的概率密度函数 $p(y;u)$ 与事先指定的概率密度函数 $h(y)$ 越接近越好.

这里用 Kullback-Leibler 散度

$$K(u)=\int h(y)\log\frac{h(y)}{p(y;u)}\,\mathrm{d}y$$

来度量系统输出所服从的概率密度函数和目标概率密度函数之间的差异, 并将之作为控制的目标函数.

将输出所服从的概率密度函数全体视为统计流形 M, 其定义如下.

定义6.1 系统输出流形 M 定义如下:

$$M=\left\{\log p(y;u)\,\middle|\, p(y;u)=p_\omega\left(f^{-1}(y;u)\right)\frac{\partial f^{-1}(y,u)}{\partial y}\right\},$$

其中系统输入向量 $u=(u^1,u^2,\cdots,u^n)^{\mathrm{T}}\in\mathbb{R}^n$ 在流形 M 中起到坐标系的作用.

借助于式 (3.1), 系统输出流形 M 的 Fisher 度量 $G=(g_{ij})_{n\times n}$ 的分量由下式

给出

$$
\begin{aligned}
g_{ij} =& \int \frac{\dfrac{\partial f^{-1}(y,u)}{\partial y}}{p_\omega(f^{-1}(y;u))} \frac{\partial p_\omega(f^{-1}(y;u))}{\partial u^i} \frac{\partial p_\omega(f^{-1}(y;u))}{\partial u^j} \mathrm{d}y \\
&+ \int \left(\frac{\partial p_\omega(f^{-1}(y;u))}{\partial u^i} \frac{\partial^2 f^{-1}(y,u)}{\partial y \partial u^j} + \frac{\partial p_\omega(f^{-1}(y;u))}{\partial u^j} \frac{\partial^2 f^{-1}(y,u)}{\partial y \partial u^i} \right) \mathrm{d}y \\
&+ \int \frac{p_\omega(f^{-1}(y;u))}{\dfrac{\partial f^{-1}(y,u)}{\partial y}} \frac{\partial^2 f^{-1}(y,u)}{\partial y \partial u^i} \frac{\partial^2 f^{-1}(y,u)}{\partial y \partial u^j} \mathrm{d}y, \quad i,j \in \{1,2,\cdots,n\}.
\end{aligned}
\tag{6.13}
$$

从而, 可以在系统输出流形 M 上将随机分布控制问题重新描述为: 在流形 M 上设计点 $u_* = (u_*^1, u_*^2, \cdots, u_*^n)$, 且该点使得 Kullback-Leibler 散度 $K(u)$ 越小越好. 这里 $K(u)$ 是关于向量 u 的函数.

下面, 从信息几何角度为该随机分布控制问题提出了一个控制策略.

定理6.5　对结构已知的多输入-单输出随机分布控制系统, 借助于几何方法可给出控制策略

$$
u_k = u_{k-1} - \frac{\varepsilon^2}{2\lambda} G_{k-1}^{-1} \nabla K(u_{k-1}), \tag{6.14}
$$

其中 $\nabla K(u_{k-1}) = \left(\dfrac{\partial K(u)}{\partial u^1}, \cdots, \dfrac{\partial K(u)}{\partial u^n} \right)^{\mathrm{T}} \Bigg|_{u=u_{k-1}}$, G_{k-1}^{-1} 是 Fisher 度量矩阵 $G_{k-1} = G|_{u=u_{k-1}}$ 的逆, 并且有 $\lambda = \dfrac{\varepsilon}{2}\sqrt{\nabla K(u_{k-1})^{\mathrm{T}} G_{k-1}^{-1} \nabla K(u_{k-1})}$.

将上面所设计的信息几何算法总结如下:

(1) 初始化 u_0;

(2) 在样本时刻 $k-1$, 计算 $\nabla K(u_{k-1})$, 并且利用式 (6.13), 给出 Fisher 度量 G_{k-1} 的逆 G_{k-1}^{-1};

(3) 利用式 (6.14) 计算 u_k, 并将之应用到我们所研究的随机系统;

(4) 若满足 $K(u_k) < \sigma$, 其中 σ 为目标精度, 该算法结束. 并且在该样本时刻 k, 系统输出概率密度函数 $p(y;u_k)$ 即为对已知概率密度函数的最佳逼近. 若不满足条件, 转到 (5);

(5) 对 k 增加 1, 再从 (2) 开始迭代.

为了研究由式 (6.14) 所给出的信息几何算法的收敛性, 先给出如下引理.

引理6.6 对于带有距离函数 $d(x,y)$ 的 n 维流形 M, 其上面模长的定义为

$$\|x-y\|=d(x,y).$$

令 $f:M\to\mathbb{R}^n$ 是定义在 M 的紧集 D 上的连续映射, 集合

$$\Omega=\{x\in D\mid f(x)=0\}$$

是有限的. 若序列 $\{x^m\}_{m=1}^{\infty}\subset D$ 满足

$$\lim_{m\to\infty}\|x^{m+1}-x^m\|=0 \quad 且 \quad \lim_{m\to\infty}\|f(x^m)\|=0,$$

则存在一个 $x^*\in D$ 使得

$$\lim_{m\to\infty}x^m=x^*$$

成立.

证明 定义集合

$$B(x,\varepsilon)=\{y\in M\mid \|x-y\|<\varepsilon,\varepsilon>0\}$$

和

$$\Omega=\{x\in D\mid f(x)=0\}=\left\{a^1,a^2,\cdots,a^s\mid s\in\mathbb{N}_+\right\}.$$

首先, 证明下面的结论: 对于任意的 $\varepsilon>0$, 存在一个 $H>0$, 使得对于任意的 $m>H$, $x^m\in\bigcup\limits_{i=1}^{s}B(a^i,\varepsilon)$ 均成立.

现在用反正法证明该结论. 若对于某一确定的 $\varepsilon_0>0$, 有对于任意的 $H>0$, 存在一个 $m>H$, 使得 $x^m\notin\bigcup\limits_{i=1}^{s}B(a^i,\varepsilon_0)$ 成立, 则对于 $H=1$, 得到一个 $m_1>1$, 使得 $x^{m_1}\notin\bigcup\limits_{i=1}^{s}B(a^i,\varepsilon_0)$. 同时, 对于 $H=m_1$, 存在一个 $m_2>m_1$, 使得 $x^{m_2}\notin\bigcup\limits_{i=1}^{s}B(a^i,\varepsilon_0)$ 成立. 按照此方法, 可以得到 $\{x^m\}$ 的一个子序列 $\{x^{m_j}\}$, 使得对于任意的 j, $x^{m_j}\notin\bigcup\limits_{i=1}^{s}B(a^i,\varepsilon_0)$ 成立.

由于 D 是紧的, $\{x^{m_j}\}$ 必有一个收敛的子集 $\{x^{m_{j_i}}\}$, 也就是说,

$$\lim_{i\to\infty}x^{m_{j_i}}=\bar{x}\in\overline{D-\bigcup_{i=1}^{s}B(a^i,\varepsilon_0)}.$$

显然, 有

$$\bar{x} \notin \bigcup_{i=1}^{s} B\left(a^i, \frac{\varepsilon_0}{2}\right) \quad \text{且} \quad \|f(\bar{x})\| \neq 0.$$

由于 f 连续, 可以得到

$$\lim_{i\to\infty} \|f(x^{m_{j_i}})\| = \|f(\bar{x})\| \neq 0,$$

这与 $\lim\limits_{m\to\infty} \|f(x^m)\| = 0$ 是矛盾的. 这就证明了前面的结论成立.

由于 $\{x^m\}_{m=1}^{\infty} \subset D$, 可以得到收敛的子序列 $\{x^{m_k}\}_{k=1}^{\infty}$. 令 $\lim\limits_{k\to\infty} x^{m_k} = x^*$, 根据上面的证明过程, 类似地, 可以得到 $x^* \in \Omega$.

由于集合 Ω 是有限的, 令 $\varepsilon_0 = \dfrac{1}{2} \min\limits_{1\leqslant i,j\leqslant s} \left\{\|a^i - a^j\| \mid i \neq j\right\}$, 对于 $i \neq j$, 有 $B(a^i, \varepsilon_0) \cap B(a^j, \varepsilon_0) = \varnothing$.

接下来, 将要通过一个等价命题来证明 $\lim\limits_{m\to\infty} x^m = x^*$. 该等价命题为: 对于任意的 $0 < \varepsilon < \dfrac{\varepsilon_0}{2}$, 存在一个 $H > 0$, 对于任意的 $m \geqslant H$, 使得 $x^m \in B(x^*, \varepsilon)$ 成立.

对于任意的 $0 < \varepsilon < \dfrac{\varepsilon_0}{2}$, 我们得到, 存在一个 $H_1 > 0$, 使得对于任意的 $m > H_1$,

$$x^m \in \bigcup_{i=1}^{s} B(a^i, \varepsilon) \tag{6.15}$$

成立. 同时, 对于 $i \neq j$, 任意的 $\alpha \in B(a^i, \varepsilon)$ 和 $\beta \in B(a^j, \varepsilon)$, 也可以得到

$$\|\alpha - \beta\| > \varepsilon_0. \tag{6.16}$$

由于 $\lim\limits_{k\to\infty} x^{m_k} = x^*$, 可以得到, 存在一个 $K > 0$, 使得对于任意的 $k > K$,

$$x^{m_k} \in B(x^*, \varepsilon) \tag{6.17}$$

成立.

又因为 $\lim\limits_{m\to\infty} \|x^{m+1} - x^m\| = 0$, 所以对于 $\varepsilon_0 > 0$, 存在一个 $H_2 > 0$, 使得对于任意的 $m > H_2$,

$$\|x^{m+1} - x^m\| < \varepsilon_0 \tag{6.18}$$

成立.

取 $\overline{H} = \max\{H_1, H_2, m_K\}$, 则令 $H = \min\limits_{k} \{m_k \mid m_k \geqslant \overline{H}\}$, 并使得

$$x^H \in \{x^{m_k}\}.$$

最后, 将用数学归纳法来完成我们的证明.

当 $m = H$ 时, 由于 $x^H \in \{x^{m_k}\}$, 从式 (6.17) 可以直接得到 $x^m \in B(x^*, \varepsilon)$.

若当 $m = N \geqslant H$ 时, $x^N \in B(x^*, \varepsilon)$, 则当 $m = N + 1$, 从式 (6.15) 可以看出 x^{N+1} 一定包含在 s 个开球中. 同时由式 (6.16) 和 (6.18) 可以得到 x^N 和 x^{N+1} 一定在同一个开球中, 也就是说, $x^{N+1} \in B(x^*, \varepsilon)$. □

例6.1 令 f 在闭集 $D = [0, \pi]$ 上为三角函数 $f(x) = \sin x$, 则可以得到

$$\Omega = \{x \in D \mid f(x) = 0\} = \{0, \pi\}.$$

例6.2 令 f 是定义在 $\mathbb{R}^3$ 的单位球面上的连续函数:

$$f : S^2 \to \mathbb{R},$$

并且

$$f(p) = (x-y)^2 + (x-z)^2 + (y-z)^2,$$

其中 $p = (x, y, z) \in S^2$, 则可以得到

$$\Omega = \{x \in D \mid f(x) = 0\} = \left\{ \left(\frac{1}{\sqrt{3}}, \frac{1}{\sqrt{3}}, \frac{1}{\sqrt{3}} \right), \left(-\frac{1}{\sqrt{3}}, -\frac{1}{\sqrt{3}}, -\frac{1}{\sqrt{3}} \right) \right\}.$$

引理6.7 令 $K(u)$ 关于向量变量 u 至少是 C^2 的. 对于已知初始的向量 $u_0 \in \mathbb{R}^n$, 假设水平集 $L = \{u \in \mathbb{R}^n \mid K(u) \leqslant K(u_0)\}$ 是紧的, 则由式 (6.14) 所得到的序列 $\{u_k\}$ 有下面的性质:

(1) 存在某一个 k_0, 使得 $G_{k_0}^{-1} \nabla K(u_{k_0}) = 0$ 成立, 或

(2) 当 $k \to \infty$, 有 $G_k^{-1} \nabla K(u_k) \to 0$,

其中 G_k^{-1} 是 Fisher 度量矩阵 G_k 的逆.

证明 令 $c_k = G_k^{-1} \nabla K(u_k)$, 并且为简单起见设 $\alpha = \dfrac{\varepsilon^2}{2\lambda}$.

对于任意的样本时刻 k 均假设 $c_k \neq 0$. 现在用反证法给出证明. 假设 $k \to \infty$, $c_k \to 0$ 不成立, 也就是说, 存在一个 $\varepsilon_0 > 0$, 对于无穷多个 k, c_k 的模满足

$$\|c_k\| \geqslant \varepsilon_0, \tag{6.19}$$

其中 $\|c_k\|^2 = c_k^{\mathrm{T}} G_k c_k$. 因此, 对于这样的 k, 式 (6.19) 可以被重新表示为

$$\frac{c_k^{\mathrm{T}} G_k c_k}{\|c_k\|} \geqslant \varepsilon_0. \tag{6.20}$$

则由微分中值定理, 有

$$\begin{aligned}
K(u_k - \alpha c_k) &= K(u_k) - \alpha c_k^{\mathrm{T}} \nabla K(v_k) \\
&= K(u_k) - \alpha c_k^{\mathrm{T}} \nabla K(u_k) - \alpha c_k^{\mathrm{T}} \left(\nabla K(v_k) - \nabla K(u_k)\right) \\
&= K(u_k) - \alpha c_k^{\mathrm{T}} G_k G_k^{-1} \nabla K(u_k) - \alpha c_k^{\mathrm{T}} G_k G_k^{-1} \left(\nabla K(v_k) - \nabla K(u_k)\right) \\
&= K(u_k) - \alpha c_k^{\mathrm{T}} G_k c_k - \alpha c_k^{\mathrm{T}} G_k \left(c(v_k) - c_k\right) \qquad (6.21) \\
&= K(u_k) + \alpha \|c_k\| \frac{\left(-c_k^{\mathrm{T}}\right) G_k c_k}{\|c_k\|} + \alpha\left(-c_k^{\mathrm{T}}\right) G_k \left(c(v_k) - c_k\right) \\
&\leqslant K(u_k) + \alpha \|c_k\| \frac{\left(-c_k^{\mathrm{T}}\right) G_k c_k}{\|c_k\|} + \alpha \|c_k\| \|c(v_k) - c_k\| \\
&= K(u_k) + \alpha \|c_k\| \left(\frac{\left(-c_k^{\mathrm{T}}\right) G_k c_k}{\|c_k\|} + \|c(v_k) - c_k\|\right),
\end{aligned}$$

其中 $c(u) = G^{-1}(u) \nabla K(u)$, 并且 v_k 属于 u_k 和 $u_k - \alpha c_k$ 之间的连续空间.

因为 $c(u)$ 是连续的, 并且水平集 L 是紧的, 所以 $c(u)$ 在 L 上一致连续, 这就意味着存在一个 $\beta > 0$, 当 $0 \leqslant \|u_k - \alpha c_k - u_k\| = \|\alpha c_k\| \leqslant \beta$ 时, 对于所有的 k,

$$\|c(v_k) - c_k\| \leqslant \frac{1}{2} \varepsilon_0 \tag{6.22}$$

成立.

在式 (6.21) 中取 $\alpha = \dfrac{\beta}{\|c_k\|}$, 并结合式 (6.20) 和 (6.22), 可以得到对于无穷多个 k,

$$\begin{aligned}
K(u_{k+1}) &= K(u_k - \alpha c_k) = K\left(u_k - \frac{\beta}{\|c_k\|} c_k\right) \\
&\leqslant K(u_k) + \beta \left(\frac{\left(-c_k^{\mathrm{T}}\right) G_k c_k}{\|c_k\|} + \|c(v_k) - c_k\|\right) \\
&\leqslant K(u_k) + \beta \left(-\varepsilon_0 + \frac{1}{2} \varepsilon_0\right) \\
&= K(u_k) - \frac{1}{2} \beta \varepsilon_0
\end{aligned}$$

成立.

另一方面, 因为 $\{K(u_k)\}$ 是单调递减的, 并且水平集 L 是紧的, 所以 $\lim_{m\to\infty} K(u_k)$ 存在, 也就是说, 当 $k \to \infty$ 时,

$$K(u_k) - K(u_{k+1}) \to 0$$

成立.

这是矛盾的. 所以引理成立. □

定理6.8 令 $\nabla K(u)$ 在水平集上是一个连续函数, 并且 $\Omega=\{u\in L|\nabla K(u)=0\}$ 是有限的, 则存在一个 $u_*\in\Omega$, 使得

$$\lim_{m\to\infty} u_k = u_* \tag{6.23}$$

成立.

证明 由引理 6.7, 可以得到

$$\lim_{k\to\infty} \|u_{k+1} - u_k\| = 0. \tag{6.24}$$

同时, 类似于引理 6.7 的证明过程, 可以得到

$$\lim_{k\to\infty} \|\nabla K(u_k)\| = 0. \tag{6.25}$$

则由式 (6.24), (6.25) 和引理 6.6, 可以得到式 (6.23). □

类似地, 可以研究带有输出反馈和随机噪声的多输入-单输出的闭环随机分布控制系统. 该系统的数学模型通过系统输入向量 $u_k = (u_k^1, u_k^2, \cdots, u_k^n) \in \mathbb{R}^n$, 系统输出 $y_k \in \mathbb{R}^1$ 和随机噪声信号 $\omega_k \in \mathbb{R}^1$ 表示如下:

$$y_{k+1} = f(y_k, u_k, \omega_k), \tag{6.26}$$

其中 $f(\cdot)$ 是描述系统结构特性的已知的非线性函数, 并且 ω_k 服从一个已知的概率密度函数 $p_{\omega_k}(x)$(图 6.2).

为了区分系统输出和输出反馈, 用 s 表示随机分布控制系统的输出反馈. 进而, 根据式 (6.26), 系统输出所服从的条件概率密度函数为

$$p(y \mid s; u) = p_\omega\left(f^{-1}(y, s; u)\right) \frac{\partial f^{-1}(y, s, u)}{\partial y}.$$

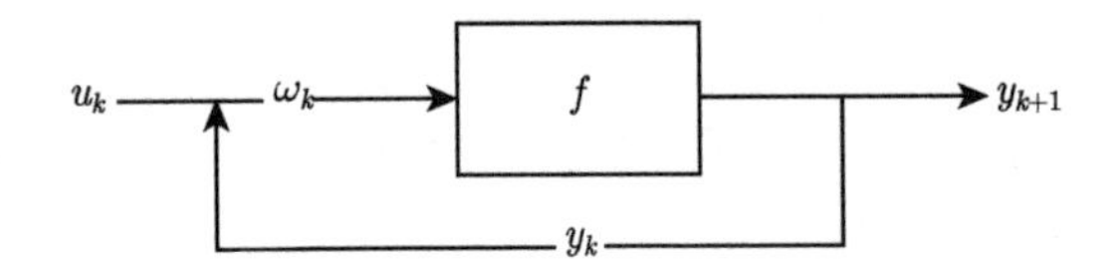

图 6.2　带有输出反馈的多输入-单输出闭环随机系统

注6.3　在上面的表达式中, 做如下假设:

(1) 假设条件输出概率密度函数 $p(y \mid s;u)$ 关于所有变量 (y,s,u) 是 C^2 的;

(2) 函数 $y=f(s,u,\omega)$ 关于 ω 的逆函数存在, 并将之记为 $\omega=f^{-1}(y,s,u)$, 其关于所有变量 (y,s,u) 是 C^2 的.

对于带有输出反馈的多输入-单输出随机分布控制系统, 系统输出所服从的条件概率密度函数 $p(y \mid s;u)$ 的形状由输入向量 u 所控制, 希望通过设计 u, 使得条件输出概率密度函数 $p(y \mid s;u)$ 与已知的概率密度函数 $h(y)$ 越接近越好. 这里, 用 Kullback-Leibler 散度来衡量 $p(y \mid s;u)$ 和 $h(y)$ 之间的差异,

$$K(u \mid s)=\int h(y)\log\frac{h(y)}{p(y \mid s;u)}\,\mathrm{d}y,$$

即将 $K(u \mid s)$ 作为目标函数. 进而, 需要在输出反馈 s 已知的条件下, 设计输入向量 u, 使 $K(u \mid s)$ 尽可能小.

首先给出随机分布控制系统输出所服从的条件概率密度函数全体所构成的流形, 其定义如下.

定义6.2　系统输出流形 M 定义为

$$M=\left\{\log p(y \mid s;u)\ \middle|\ p(y \mid s;u)=p_\omega\left(f^{-1}(y,s;u)\right)\frac{\partial f^{-1}(y,s,u)}{\partial y}\right\},$$

其中 $(u,s)=(u^1,u^2,\cdots,u^n,s)^{\mathrm{T}}\in\mathbb{R}^{n+1}$ 在流形 M 上起到坐标系的作用.

命题6.9　流形 M 的 Fisher 度量为

$$G=(g_{ij})_{(n+1)\times(n+1)}=\begin{pmatrix} H & A \\ A^{\mathrm{T}} & g_{(n+1)(n+1)} \end{pmatrix},$$

其中 $H=(g_{ij})_{n\times n}$, $A=(g_{1(n+1)},g_{2(n+1)},\cdots,g_{n(n+1)})^{\mathrm{T}}$,

$$\begin{aligned}
g_{ij}=&\int\frac{\dfrac{\partial f^{-1}(y,s,u)}{\partial y}}{p_\omega(f^{-1}(y,s;u))}\frac{\partial p_\omega(f^{-1}(y,s;u))}{\partial\xi^i}\frac{\partial p_\omega(f^{-1}(y,s;u))}{\partial\xi^j}\mathrm{d}y\\
&+\int\left(\frac{\partial p_\omega(f^{-1}(y,s;u))}{\partial\xi^i}\frac{\partial^2 f^{-1}(y,s,u)}{\partial y\partial\xi^j}\right.\\
&\left.+\frac{\partial p_\omega(f^{-1}(y,s;u))}{\partial\xi^j}\frac{\partial^2 f^{-1}(y,s,u)}{\partial y\partial\xi^i}\right)\mathrm{d}y\\
&+\int\frac{p_\omega(f^{-1}(y,s;u))}{\dfrac{\partial f^{-1}(y,s,u)}{\partial y}}\frac{\partial^2 f^{-1}(y,s,u)}{\partial y\partial\xi^i}\frac{\partial^2 f^{-1}(y,s,u)}{\partial y\partial\xi^j}\mathrm{d}y,
\end{aligned}\tag{6.27}$$

$i\in\{1,2,\cdots,n\}$, $\xi^i=u^i$, 而 $\xi^{n+1}=s$.

因此, 希望在流形 M 上得到点 p^*, 其坐标为 (u_*,s_*), 使得 Kullback-Leibler 散度 $K(u_*\mid s_*)$ 最小. 借助于几何方法, 得到关于输入向量 u 的迭代算法如下.

命题6.10 在样本时刻 k, 关于控制输入向量 u_k 的信息几何迭代算法为

$$u_k-u_{k-1}=-\frac{\varepsilon^2}{2\lambda}H_{k-1}^{-1}\nabla K(u_{k-1}\mid s_{k-1})-(s_k-s_{k-1})H_{k-1}^{-1}A_{k-1},\tag{6.28}$$

其中

$$\nabla K(u_{k-1}\,|\,s_{k-1})=\left(\frac{\partial K(u\mid s)}{\partial u^1},\cdots,\frac{\partial K(u\mid s)}{\partial u^n}\right)^{\mathrm{T}}\Bigg|_{u=u_{k-1},s=s_{k-1}},$$

$$\lambda=\frac{\varepsilon}{2}\sqrt{\frac{\nabla K(u_{k-1}\mid s_{k-1})^{\mathrm{T}}H_{k-1}^{-1}\nabla K(u_{k-1}\mid s_{k-1})}{1+(a^{n+1})^2\left(A_{k-1}^{\mathrm{T}}H_{k-1}^{-1}A_{k-1}-g_{k-1}\right)}},$$

$$A_{k-1}=A|_{u=u_{k-1},s=s_{k-1}},\quad g_{k-1}=g_{(n+1)(n+1)}|_{u=u_{k-1},s=s_{k-1}},$$

以及 H_{k-1}^{-1} 表示矩阵 $H_{k-1}=H|_{u=u_{k-1},s=s_{k-1}}$ 的逆.

将上面的信息几何算法总结如下:

(1) 初始化 y_0 和 u_0;

(2) 在样本时刻 k, 给出 $\nabla K(u_{k-1}\mid s_{k-1})$, 并且利用式 (6.27) 给出矩阵 H_{k-1} 的逆矩阵 H_{k-1}^{-1};

(3) 利用式 (6.28) 计算 u_k, 并将之应用到随机分布控制系统中;

(4) 若 $K(u_k \mid s_k) < \sigma$, 跳出, 其中 σ 为目标精度. 并且在此样本时刻 k, 条件输出概率密度函数 $p(y \mid s_k; u_k)$ 为对目标函数的最佳逼近. 若不满足, 则转到 (5);

(5) 将 k 增加 1, 转到 (2).

对算法收敛性的讨论类似于不带反馈的多输入-单输出开环系统的情形, 这里就不再赘述了.

参 考 文 献

[1] Amari S. Differential geometry of a parametric family of invertible linear systems-Riemannian metric, dual affine connections and divergence. Math. Systems Theory, 1987, 20: 53–82.

[2] Dodson C T J, Wang H. Iterative approximation of statistical distributions and relation to information geometry. Stat. Inference Stoch. Process., 2001, 4: 307–318.

[3] Fujiwara A, Amari S. Dualistic dynamical systems in the framework of information geometry. Physica D, 1995, 80: 317–327.

[4] Guo L, Wang H. Stochastic Distribution Control System Design: A Convex Optimization Approach. London: Springer, 2010.

[5] Ohara A, Amari S. Geometric structures of stable state feedback systems with dual connections. Kybernetika, 1994, 30: 369–386.

[6] Ohara A, Kitamori T. Geometric structures of stable state feedback systems. IEEE Trans. Autom. Control, 1993, 38: 1579–1583.

[7] Ohara A, Nakazumi S, Suda N. Relations between a parametrization of stabilizing state feedback gains and eigenvalue locations. Syst. Control Lett., 1991, 16: 261–266.

[8] Ohara A, Suda A, Amari S. Dualistic differential geometry of positive definite matrices and its applications to related problems. Linear Algebra Appl., 1996, 247: 31–53.

[9] Wang A, Guo L. Advances in stochastic distribution control. 10th Intl. Conf. On Control, Automation, Robotics and Vision, Hanoi, Vietnam, 17-20 December, 2008: 1479–1483.

[10] Wang A, Wang H, Guo L. Recent advances on stochastic distribution control: probability density function control. 2009 Chinese Control and Decision Conference, xxxv-xli.

[11] Zhang Z, Sun H, Peng L, et al. A natural gradient algorithm for stochastic distribution Systems. Entropy, 2014, 16: 4338–4352.

[12] Zhang Z, Sun H, Peng L. Natural gradient algorithm for stochastic distribution systems with output feedback. Differ. Geom. Appl., 2013, 31: 682–691.

[13] Zhang Z, Sun H, Zhong F. Natural gradient-projection algorithm for distribution control. Optim. Control. Appl. Methods, 2009, 30: 495–504.

[14] Zhang Z, Sun H, Zhong F. Geometric structures of stable output feedback systems. Kybernetika, 2009, 45: 387–404.

[15] Zhong F, Sun H, Zhang Z. An information geometry algorithm for distribution control. Bull. Braz. Math. Soc., 2008, 39: 1–10.

[16] Zhong F, Sun H, Zhang Z. Geometric structures of stable time-variant state feedback systems. Journal of Beijing Institute of Technology, 2007, 16: 500–504.

第 7 章 统计流形的纤维丛结构以及李群结构

7.1 主丛上的信息几何结构

经典信息几何是将 Fisher 信息矩阵作为黎曼度量研究统计流形的几何结构. 本节将介绍如何利用标架丛来得到统计流形的几何结构, 相比于经典信息几何理论, 在标架丛上几何量的计算都是线性运算[31]. 本节内容涉及比较深刻的数学概念, 有兴趣的读者可以进一步地阅读后面所附的参考文献.

定义7.1 设 P, M 和 G 都是光滑流形, 其中 G 是 P 上的 (右) 李变换群, 映射 $\pi: P \to M$ 是光滑满射. (P, π, M, G) 称为可微主丛, 如果以下各项成立:

(1) G 在 P 上的作用是自由的, 即如果对于任意的 $u \in P$, $ug = u$, 则 g 是 G 的单位元;

(2) $\pi^{-1}(\pi(p)) = pG := \{pg \mid g \in G\}, \forall p \in P$;

(3) 对于任意的 $x \in M$, 存在 $U \in \mathcal{N}(x) := \{U \mid x \in U,\ U\text{为}M\text{中的开集}\}$, 以及微分同胚 $\Phi_U : \pi^{-1}(U) \to U \times G$, 其中 Φ_U 有两个分量, 即 $\Phi_U = (\pi, \phi_U)$, 使得对于任意的 $p \in P$, $g \in G$, 映射 $\phi_U : \pi^{-1}(U) \to G$ 满足

$$\phi_U(pg) = \phi_U(p)g.$$

群 G 称为主丛 P 的结构群, $(\pi^{-1}(U), \Phi_U)$ 称为局部平凡化.

定义7.2 设 (P, π, M, G) 是主丛, $(\pi^{-1}(U), \Phi_U)$ 和 $(\pi^{-1}(V), \Phi_V)$ 是两个局部平凡化. 函数

$$g_{UV} : U \cap V \to G,$$
$$x \mapsto \phi_U(p)(\phi_V(p))^{-1}, \quad p \in \pi^{-1}(x)$$

称为 $(\pi^{-1}(U), \Phi_U)$ 与 $(\pi^{-1}(V), \Phi_V)$ 的转移函数.

定义7.3 $(F(E), \widetilde{\pi}, M, GL(r, \mathbb{R}))$ 称为与向量丛 $(E, \pi, M, GL(r, \mathbb{R}))$ 相伴的标架丛. 特别地, 当 E 为流形 M 的切丛 TM 时, $F(M) := F(TM)$ 称为流形 M 的标

架丛.

标架丛是主丛中最重要的类型之一, 因为它具有各种特殊的结构. 一些结论仅仅在标架丛上成立, 而对一般的主丛不成立. 同时, 标架丛的转移函数相当自然, 就是 Jacobi 矩阵.

定理7.1 $(F(E), \widetilde{\pi}, M, GL(r, \mathbb{R}))$ 以及 $(E, \pi, M, GL(r, \mathbb{R}))$ 有相同的转移函数族. 特别地, $(F(E), \widetilde{\pi}, M, GL(r, \mathbb{R}))$ 和 $(E, \pi, M, GL(r, \mathbb{R}))$ 的转移函数为坐标变换的 Jacobi 矩阵, 即

$$(g_{\alpha\beta}(x))_{ij} = \left(\frac{\partial x_\alpha^i}{\partial x_\beta^j}\right).$$

定义7.4 设 (P, π, M, G) 是主丛. 定义 T_pP 的竖直子空间为

$$V_p := \ker \pi_* = \{X \in T_pP \mid \pi_*(X) = 0\}.$$

定义7.5 对于主丛 (P, π, M, G), $H \subset TP$ 称为 P 的联络, 如果有

(1) $T_pP = V_p \oplus H_p,\ p \in P$;

(2) $(R_g)_{*p}(H_p) = H_{pg},\ p \in P, g \in G$;

(3) 对于任意的向量场 $X \in \mathfrak{X}(P)$, 它到 V 和 H 的射影 $v(X)$ 和 $h(X)$ 都是光滑的.

也就是说, 联络 H 是 P 上切空间的光滑分解: 竖直子空间 V 和水平子空间 H, 其中后者是右不变的.

定义7.6 设 (P, π, M, G) 是主丛, $\mathfrak{g}$ 是结构群 G 的李代数. 向量场

$$\tau : \mathfrak{g} \to \mathfrak{X}(P),$$
$$A \mapsto \tau(A), \quad \tau(A)(p) := (R_p)_{*e}(A)$$

称为由 A 诱导的基本向量场, 其中 $R_p : G \to \pi^{-1}(\pi(p))$, 且

$$R_p(g) := R(p, g) = pg \in \pi^{-1}(\pi(p)).$$

很明显, 所有的基本向量场构成的集合是与 $\mathfrak{g}$ 同构的李代数.

定义7.7 设 (P, π, M, G) 是主丛, $\mathfrak{g}$ 是结构群 G 的李代数. 定义 G 上的典型 1-形式为 $\theta : \mathfrak{X}(G) \to \mathfrak{g}$, 满足

$$\theta(X_g) := L_{g*}^{-1}(X_g), \quad X_g \in TgG.$$

设 $g_{\alpha\beta}$ 是转移函数, 定义 M 上的 $\mathfrak{g}$-值 1-形式为 $\theta_{\alpha\beta}:\mathfrak{X}(U_\alpha\cap U_\beta)\to\mathfrak{g}$, 满足

$$\theta_{\alpha\beta}:=g_{\alpha\beta}^*\theta.$$

定理7.2　设 (P,π,M,G) 是主丛, $\mathfrak{g}$ 是 G 的李代数. 下面定义的联络是等价的:

1. 定义 P 的联络为光滑的 m-分布 $H\subset TP$, 满足下列条件:

(1) $T_pP=V_p\oplus H_p,\ p\in P$;

(2) $(R_g)_*(H_p)=H_{pg},\ p\in P,\ g\in G$.

2. 定义 P 的联络为光滑的 $\mathfrak{g}$-值 1-形式场 ω, 满足下列条件:

(3) $\omega(\tau(A))=A,\ A\in\mathfrak{g}$;

(4) $R_g^*(\omega(X))=\mathrm{Ad}_{g^{-1}}(\omega(X)),\ g\in G,\ X\in TP$.

3. 定义 P 的联络为 U_α 上的一族光滑 $\mathfrak{g}$-值 1-形式场 ω_α, 满足下面的条件:

(5) $\omega_\beta(p)=\mathrm{Ad}\left(g_{\alpha\beta}^{-1}(p)\right)\circ\omega_\alpha(p)+\theta_{\alpha\beta}(p),\ p\in U_\alpha\cap U_\beta$.

定义7.8　设 (P,π,M,G) 是主丛, $\mathfrak{g}$ 是结构群 G 对应的李代数, H 是 P 的联络. 定义 $\omega:\mathfrak{X}(P)\to\mathfrak{g}$ 为

$$\omega(X):=\sigma_{u*}^{-1}(v(X)),\quad X\in T_uP,$$

称它为 (P,H) 的联络形式, 其中 $\sigma_u:G\to uG$ 是 G 在 P 上的左作用.

ω 是竖直的, 即 $\omega(H)=0$. 事实上, 如果 $\mathfrak{g}$-值 1-形式 ω 满足定理 7.2 中的条件 (3) 和 (4), 则 $H:=\ker(\omega)$ 是 P 的联络, ω 是它的联络形式, 它是协变的.

推论7.1　设 $(E,\pi,M,GL(r,\mathbb{R}))$ 和 $(F(E),\widetilde{\pi},M,GL(r,\mathbb{R}))$ 分别是向量丛和它的伴随丛, 则 E 和 $F(E)$ 上的联络之间存在一一对应.

推论7.2　M 和 $F(M)$ 上的联络之间存在一一对应.

定义7.9　记 $\pi_{*b}:H_b\to T_{\pi(b)}M$. 对于任意的向量场 $X\in\mathfrak{X}(M)$, 存在唯一的 $\widetilde{X}=\pi_*^{-1}(X)\in\mathfrak{X}(P)$, 使得 $\pi_*(\widetilde{X})=X$, 并称之为 X 的水平提升.

定理7.3　P 上的向量场是右不变的当且仅当它是 M 上某个向量场的水平提升.

定义7.10 设 $\gamma:(-\varepsilon,\varepsilon)\to M$ 是 M 上的光滑曲线. $\widetilde{\gamma}:(-\varepsilon,\varepsilon)\to P$ 称为 γ 的水平提升, 如果它满足

$$\pi(\widetilde{\gamma}(t))=\gamma(t),\quad \widetilde{\gamma}'(t)\in H_{\widetilde{\gamma}(t)},\quad t\in(-\varepsilon,\varepsilon).$$

定理7.4 设 $\gamma:(-\varepsilon,\varepsilon)\to M$ 是 M 上的光滑曲线, $\gamma(0)=p$, 则

(1) 对于任意的 $b\in\pi^{-1}(p)$, 存在唯一的水平提升 $\widetilde{\gamma}$ 使得 $\widetilde{\gamma}(0)=b$;

(2) 设 $\widetilde{\gamma}_1$ 是另一条光滑曲线, $\widetilde{\gamma}_1(0)=bg$, $g\in G$, 则 $\widetilde{\gamma}_1$ 也是 γ 的水平提升当且仅当 $\widetilde{\gamma}_1(t)=\widetilde{\gamma}(t)g$, $t\in(-\varepsilon,\varepsilon)$.

所以当初值固定时水平提升曲线是唯一确定的. 其他的水平提升可由此曲线右移动得到.

7.1.1 主丛上的几何

定义7.11 用 (P,π,M,G,H,ω) 表示带有联络 H 和联络形式 ω 的主丛. 定义曲率形式为

$$\Omega:=\mathrm{d}\omega+\frac{1}{2}\omega\wedge\omega,$$

其中 Ω 是 P 上的 $\mathfrak{g}$-值 2-形式.

命题7.5 第二结构方程满足

$$\Omega=\mathrm{d}\omega\circ h,$$

其中 h 是水平射影.

定义7.12 设 $(F(M),\pi,M,GL(n,\mathbb{R}))$ 是 M 的标架丛. $F(M)$ 上的典型 1-形式 $\theta:T(F(M))\to\mathbb{R}^n$ 定义为

$$\theta(Y_u):=u^{-1}(\pi_*Y_u),\quad Y_u\in T_uF(M),$$

其中

$$u:\mathbb{R}^n\to T_{\pi(u)}M$$

$$u(\xi)=u\xi.$$

事实上, 只有在标架丛上才可以定义典型 1-形式.

定义7.13　对于任意的 $\xi \in \mathbb{R}^n$, 若 $H(\xi): F(M) \to H$ 满足

$$H(\xi)_u := \pi_*^{-1}(u\xi),$$

则称之为基本水平向量场, 其中 $\pi_*: H_u \to T_{\pi(u)}M$ 是线性同构.

基本水平向量场和基本竖直向量场分别是水平和竖直向量场. 而且, 它们构成了 $T(F(M))$ 的基, 这意味着 $T(F(M))$ 是平凡丛或者可平行化的.

定义7.14　设 $(F(M), \pi, M, GL(n, \mathbb{R}), H, \omega)$ 是具有联络 H 和联络形式 ω 的标架丛. 定义 $F(M)$ 的挠率为

$$\Theta := \mathrm{d}\theta \circ h,$$

其中 Θ 是 $F(M)$ 上的 $\mathbb{R}^n$-值 2-形式.

命题7.6　第一结构方程满足

$$\Theta = \mathrm{d}\theta + \omega \wedge \theta.$$

事实上, 第一和第二结构方程类似于带有联络的光滑流形的结构方程.

定理7.7　设 $(F(M), \pi, M, GL(n, \mathbb{R}), H, \omega)$ 是带有联络 H 和联络形式 ω 的标架丛, 则挠率形式 Θ 及曲率形式 Ω 满足

$$\mathrm{d}\Omega = \Omega \wedge \omega,$$

以及

$$\mathrm{d}\Theta = \Omega \wedge \theta - \omega \wedge \Theta,$$

它们分别称为第一和第二 Bianchi 恒等式.

定义7.15　用 $(F(M), \pi, M, GL(n, \mathbb{R}), H, \Omega, \Theta)$ 表示带有联络 H、曲率形式 Ω 以及挠率形式 Θ 的主丛. 对于任意的 $X, Y, Z \in T_pM$, $W \in \mathfrak{X}(M)$, $u \in \pi^{-1}(p)$, 定义

$$\begin{aligned}
\nabla_X W :=& u\widetilde{X}\left(\theta\left(\widetilde{W}\right)\right), \\
T(X, Y) :=& u\left(\Theta\left(\widetilde{X}, \widetilde{Y}\right)\right), \\
R(X, Y)Z :=& u\left(\Omega\left(\widetilde{X}, \widetilde{Y}\right) u^{-1}(Z)\right),
\end{aligned}$$

其中 $\widetilde{X}, \widetilde{Y}$ 和 $\widetilde{W}$ 分别是 X, Y 和 W 的水平提升.

定义 7.15 的所有公式的右侧只涉及标价丛 $F(M)$ 的几何结构, 而与底流形 M 无关, 这意味着底流形的几何结构可以在丛上计算. 重要的是标架丛上的几何结构通常比较容易把握.

定理7.8 设 $(F(M), H, \Omega, \Theta)$ 是 (M, ∇, T, R) 上的标架丛, 其中 ∇ 是由 H 诱导的 M 的联络. 用 T 和 R 分别表示 M 的挠率张量和曲率张量. 对于任意的 $X, Y, Z \in \mathfrak{X}(M)$, 有

$$T(X,Y) = \nabla_X Y - \nabla_Y X - [X,Y],$$

以及

$$R(X,Y)Z = \nabla_X \nabla_Y Z - \nabla_Y \nabla_X Z - \nabla_{[X,Y]} Z.$$

推论7.3 设 $(F(M), H, \Omega, \Theta)$ 是 (M, ∇, T, R) 的标架丛, 则 $\gamma : (-\varepsilon, \varepsilon) \to M$ 是测地线的充要条件是 $\nabla_{\gamma'}\gamma' = 0$, 即 $\widetilde{\gamma}'(\theta(\widetilde{\gamma}')) = 0$; (M, ∇) 是无挠的充要条件是 $T = 0$, 即 $\Theta = 0$; (M, ∇) 是平坦的充要条件是 $R = 0$, 即 $\Omega = 0$.

基于以上结果, 有简单的方法来确定 (M, ∇) 上的曲线 γ 是否是测地线, 是否是无挠的或者平坦的.

7.1.2 统计流形上纤维丛的 α-结构

在本节中, 设 $S = \{p(x;\theta) \mid \theta \in \Theta\}$ 是 n 维统计流形, 其坐标卡为 $\left\{\left(U_\beta, \theta^i_\beta\right)\right\}$. 定义 $e^\beta_i := \dfrac{\partial}{\partial \theta^i_\beta}$ 和 $\omega^i_\beta := \mathrm{d}\theta^i_\beta$, $\forall 1 \leqslant i \leqslant n$. 用基底 e^β_i 在开集 U_β 上的对偶 1-形式 $(\omega_\beta)^k_j := (\Gamma_\beta)^k_{ji}\omega^i_\beta$ 表示联络 ∇ 的联络形式.

定义7.16 α-联络形式定义为

$$\left(\omega^{(\alpha)}_\beta\right)^k_j := \left(\Gamma^{(\alpha)}_\beta\right)^k_{ji} \omega^i_\beta,$$

它是 U_β 上的 $GL(n;\mathbb{R})$-值 1-形式.

注7.1 上指标 (α) 与 α-联络 $\nabla^{(\alpha)}$ 中的 (α) 意义相同, β 是坐标卡 $\left\{\left(U_\beta, \theta^i_\beta\right)\right\}$ 的下指标.

定义7.17 设 $F(S)$ 是带有局部平凡化 $\{(U_\beta, \phi_\beta, \Phi_\beta) \mid \beta \in J\}$ 的统计流形 S 的标架丛. 定义

$$\widetilde{\omega}^{(\alpha)}_\beta(u) := \mathrm{Ad}\left(\phi^{-1}_\beta\right) \circ \pi^* \omega^{(\alpha)}_\beta(u) + \phi^*_\beta \theta(u), \quad u \in \pi^{-1}(U_\beta).$$

由定理 7.2, $\widetilde{\omega}^{(\alpha)} := \left(\widetilde{\omega}_{\beta}^{(\alpha)}\right)$ 是整体定义在 $F(S)$ 上的 $GL(n,\mathbb{R})$-值 1-形式. 所以 $F(S)$ 存在唯一的联络 $H^{(\alpha)}$, 其联络形式为 $\widetilde{\omega}^{(\alpha)}$. 记 $\left(H^{(\alpha)},\widetilde{\omega}^{(\alpha)}\right)$ 为主丛 $F(S)$ 的联络族.

利用 $F(S)$ 的联络, 流形 S 的几何结构可以类似于上一小节一样给出.

定义7.18 令 $(F(s),H^{(\alpha)},\widetilde{\omega}^{(\alpha)})$ 表示 S 上关于 α-联络的标架丛. $F(S)$ 的 α-挠率形式和 α-曲率形式分别定义为

$$\Theta^{(\alpha)} := \mathrm{d}\theta \circ h^{(\alpha)}$$

和

$$\Omega^{(\alpha)} := \mathrm{d}\widetilde{\omega}^{(\alpha)} \circ h^{(\alpha)}.$$

定义7.19 对于任意的 $\xi \in \mathbb{R}^n$, 定义基本 α-水平向量场 $H^{(\alpha)}(\xi) : F(S) \to H^{(\alpha)}$ 为

$$H^{(\alpha)}(\xi)_u := \pi_*^{-1}(u\xi),$$

其中 $\pi_* : H_u^{(\alpha)} \to T_{\pi(u)}S$ 是线性同构.

利用 $GL\,(n,\mathbb{R})$ 的性质, 直接计算可以得到下面的引理.

引理7.9 令 $\left(F(S),H^{(\alpha)},\widetilde{\omega}^{(\alpha)},\Theta^{(\alpha)},\Omega^{(\alpha)}\right)$ 表示具有 α-联络、$\left(H^{(\alpha)},\widetilde{\omega}^{(\alpha)}\right)$、$\alpha$-挠率形式 $\Theta^{(\alpha)}$ 和 α-曲率形式 $\Omega^{(\alpha)}$ 的标架丛. 我们有

(1) $\theta\left(H^{(\alpha)}(\xi)\right) = \xi,\ \xi \in \mathbb{R}^n$;

(2) $R_{g*}\left(H^{(\alpha)}(\xi)_u\right) = H^{(\alpha)}\left(g^{-1}\xi\right)_{ug},\ g \in GL(n,\mathbb{R}^n),\ \xi \in \mathbb{R}^n$;

(3) $\left[\tau(A), H^{(\alpha)}(\xi)\right] = H^{(\alpha)}(A\xi),\ A \in \mathfrak{g}\,(n,\mathbb{R}^n),\ \xi \in \mathbb{R}^n$.

由此可得以下命题.

命题7.10 设 $\left(F(S),H^{(\alpha)},\widetilde{\omega}^{(\alpha)},\Theta^{(\alpha)},\Omega^{(\alpha)}\right)$ 是 S 的标架丛, 则

$$\Theta^{(\alpha)} = \mathrm{d}\theta + \widetilde{\omega}^{(\alpha)} \wedge \theta,$$

以及

$$\Omega^{(\alpha)} = \mathrm{d}\widetilde{\omega}^{(\alpha)} + \widetilde{\omega}^{(\alpha)} \wedge \widetilde{\omega}^{(\alpha)}.$$

定理7.11 对于任意的 $X,Y,Z\in\mathfrak{X}(S)$, 有

$$
\begin{aligned}
&\nabla_X^{(\alpha)}Y=u\left(\widetilde{X}^{(\alpha)}\left(\theta\left(\widetilde{Y}^{(\alpha)}\right)\right)\right),\\
&T^{(\alpha)}(X,Y)=u\left(\Theta^{(\alpha)}\left(\widetilde{X},\widetilde{Y}\right)\right)\\
=&\nabla_X^{(\alpha)}Y-\nabla_Y^{(\alpha)}X-[X,Y],\\
&R^{(\alpha)}(X,Y)Z=u\left(\Omega^{(\alpha)}\left(\widetilde{X},\widetilde{Y}\right)u^{-1}(Z)\right)\\
=&\nabla_X^{(\alpha)}\nabla_Y^{(\alpha)}Z-\nabla_Y^{(\alpha)}\nabla_X^{(\alpha)}Z-\nabla_{[X,Y]}^{(\alpha)}Z,
\end{aligned}
$$

其中 $\widetilde{X}^{(\alpha)}$ 对应于 X 关于联络 $H^{(\alpha)}$ 的水平提升.

从推论 7.3 和定理 7.11, 可得以下推论.

推论7.4 设 $\left(F(S),H^{(\alpha)},\Theta^{(\alpha)},\Omega^{(\alpha)}\right)$ 是 $\left(S,\nabla^{(\alpha)},T^{(\alpha)},R^{(\alpha)}\right)$ 上带有 α-结构的标架丛, 则曲线 $\gamma:(-\varepsilon,\varepsilon)\to S$ 是测地线的充要条件是 $\nabla_{\gamma'}^{(\alpha)}\gamma'=0$, 即 $\widetilde{\gamma}'\left(\theta\left(\widetilde{\gamma}'^{(\alpha)}\right)\right)=0$; $\left(S,\nabla^{(\alpha)}\right)$ 是无挠的充要条件是 $T^{(\alpha)}=0$, 即 $\Theta^{(\alpha)}=0$; $\left(S,\nabla^{(\alpha)}\right)$ 是平坦的充要条件是 $R^{(\alpha)}=0$, 即 $\Omega^{(\alpha)}=0$.

例7.1 以一元正态分布流形为例, 设

$$
S=\left\{p\left(x;\theta^1,\theta^2\right)\middle|\left(\theta^1,\theta^2\right)\in\mathbb{R}\times\mathbb{R}_+\right\},
$$

其中 $\theta=\left(\theta^1,\theta^2\right)=(\mu,\sigma)$ 为坐标系. 一元正态分布的概率密度函数为

$$
p\left(x;\theta^1,\theta^2\right)=\frac{1}{\sqrt{2\pi}\sigma}\exp\left\{-\frac{(x-\mu)^2}{2\sigma^2}\right\}.
$$

在坐标系 θ 下, 直接计算可得黎曼度量和联络系数, 分别为

$$
(g_{ij})=\begin{pmatrix}\dfrac{1}{\sigma^2} & 0\\[2ex] 0 & \dfrac{2}{\sigma^2}\end{pmatrix}
$$

和

$$
\begin{cases}
\Gamma_{111}^{(\alpha)}=\Gamma_{122}^{(\alpha)}=\Gamma_{212}^{(\alpha)}=\Gamma_{221}^{(\alpha)}=0,\\
\Gamma_{112}^{(\alpha)}=\dfrac{1-\alpha}{\sigma^3},\\
\Gamma_{121}^{(\alpha)}=\Gamma_{211}^{(\alpha)}=-\dfrac{1+\alpha}{\sigma^3},\\
\Gamma_{222}^{(\alpha)}=-\dfrac{2+4\alpha}{\sigma^3}.
\end{cases}
$$

或者

$$\begin{cases}\Gamma_{11}^{(\alpha)1}=\Gamma_{12}^{(\alpha)2}=\Gamma_{21}^{(\alpha)2}=\Gamma_{22}^{(\alpha)1}=0,\\ \Gamma_{11}^{(\alpha)2}=\dfrac{1-\alpha}{2\sigma},\\ \Gamma_{12}^{(\alpha)1}=\Gamma_{21}^{(\alpha)1}=-\dfrac{1+\alpha}{\sigma},\\ \Gamma_{22}^{(\alpha)2}=-\dfrac{1+2\alpha}{\sigma}.\end{cases}$$

由此得到曲率张量

$$R_{1212}^{(\alpha)}=\frac{1-\alpha^2}{\sigma^4}.$$

流形 S 的联络形式满足

$$\omega^{(\alpha)}=\left(\left(\omega^{(\alpha)}\right)_j^i\right)=\begin{pmatrix}-\dfrac{1+\alpha}{\sigma}\mathrm{d}\theta^2 & -\dfrac{1+\alpha}{\sigma}\mathrm{d}\theta^1\\ \dfrac{1-\alpha}{2\sigma}\mathrm{d}\theta^1 & -\dfrac{1+2\alpha}{\sigma}\mathrm{d}\theta^2\end{pmatrix}.$$

考虑 S 上的标架丛 $F(S)$. S 有整体的坐标邻域, 且 $F(S)=S\times GL(2,\mathbb{R})$ 是平凡丛. 对于任意的 $u\in F(S)$, 设 u 表示 $T_{\pi(u)}S$ 的基 (e_1,e_2). 如果 $(e_1,e_2)=\left(\dfrac{\partial}{\partial\theta^1},\dfrac{\partial}{\partial\theta^2}\right)A$, 则 u 的坐标为 $u=(u^1,u^2,\cdots,u^6)$, 其中

$$u^3=A_{11},\quad u^4=A_{12},\quad u^5=A_{21},\quad u^6=A_{22}.$$

同时有 $\pi(u)=(\theta^1,\theta^2)=(u^1,u^2)$, 所以

$$\pi_*\left(\frac{\partial}{\partial u^1}\right)\bigg|_u=\frac{\partial}{\partial\theta^1}\bigg|_{\pi(u)},\quad \pi_*\left(\frac{\partial}{\partial u^2}\right)\bigg|_u=\frac{\partial}{\partial\theta^2}\bigg|_{\pi(u)}.$$

其局部平凡化为

$$\begin{aligned}\Phi: F(S)&\to S\times GL(2,\mathbb{R}),\\ u&\mapsto(u^1,u^2,A)=(\theta^1,\theta^2,A).\end{aligned}$$

因此可得

$$\widetilde{\omega}^{(\alpha)}(u)=\mathrm{Ad}(\phi^{-1}(u))\circ\pi^*\omega^{(\alpha)}+\phi^*\theta(u).$$

因为 $u=(u^1,u^2,\cdots,u^6)$, $X_u=X^i\left.\dfrac{\partial}{\partial u^i}\right|_u$, 有

$$\begin{aligned}\widetilde{\omega}^{(\alpha)}(X_u)=&\operatorname{Ad}\left(\phi^{-1}(u)\right)\circ\pi^*\omega^{(\alpha)}(X_u)+\phi^*\theta(X_u)\\=&\operatorname{Ad}\left(\phi^{-1}(u)\right)\circ\omega^{(\alpha)}(\pi_*(X_u))+\theta(\phi_*(X_u))\\=&A\omega^{(\alpha)}\left(X^1\left.\frac{\partial}{\partial\theta^1}\right|_{(\theta^1,\theta^2)}+X^2\left.\frac{\partial}{\partial\theta^2}\right|_{(\theta^1,\theta^2)}\right)A^{-1}+A^{-1}B\\=&A\begin{pmatrix}-\dfrac{1+\alpha}{\sigma}X^2 & -\dfrac{1+\alpha}{\sigma}X^1\\ \dfrac{1-\alpha}{2\sigma}X^1 & -\dfrac{1+2\alpha}{\sigma}X^2\end{pmatrix}A^{-1}+A^{-1}B,\end{aligned}$$

其中

$$A=\begin{pmatrix}u^3 & u^4\\ u^5 & u^6\end{pmatrix},\quad B=\begin{pmatrix}X^3 & X^4\\ X^5 & X^6\end{pmatrix}.$$

所以水平空间为

$$H_u^{(\alpha)}=\ker\left(\widetilde{\omega}^{(\alpha)}\right)=\left\{X\in T_uF(S)\,\middle|\,A\begin{pmatrix}-\dfrac{1+\alpha}{\sigma}X^2 & -\dfrac{1+\alpha}{\sigma}X^1\\ \dfrac{1-\alpha}{2\sigma}X^1 & -\dfrac{1+2\alpha}{\sigma}X^2\end{pmatrix}A^{-1}+A^{-1}B=0\right\}.$$

特别地, 设 $(e_1,e_2)=\left(\left.\dfrac{\partial}{\partial\theta^1}\right|_{\pi(u)},\left.\dfrac{\partial}{\partial\theta^2}\right|_{\pi(u)}\right)$, 则 $u=(u^1,u^2,1,0,0,1)$, $\phi(u)=(\theta^1,\theta^2,I_2)$, 其中 I_2 是 2×2 单位矩阵, 则有

$$\pi_*(X)=X^1\left.\frac{\partial}{\partial\theta^1}\right|_{(\theta^1,\theta^2)}+X^2\left.\frac{\partial}{\partial\theta^2}\right|_{(\theta^1,\theta^2)}.$$

此时对应的水平空间为

$$H_u^{(\alpha)}=\left\{X_u\in T_uF(S)\,\middle|\,\begin{pmatrix}-\dfrac{1+\alpha}{\sigma}X^2 & -\dfrac{1+\alpha}{\sigma}X^1\\ \dfrac{1-\alpha}{2\sigma}X^1 & -\dfrac{1+2\alpha}{\sigma}X^2\end{pmatrix}+\begin{pmatrix}X^3 & X^4\\ X^5 & X^6\end{pmatrix}=0\right\}.$$

向量场 $X=X^i\dfrac{\partial}{\partial u^i}\in T_uF(S)$ 的水平投影为

$$\begin{aligned}h^{(\alpha)}(X)=&X^1\frac{\partial}{\partial u^1}+X^2\frac{\partial}{\partial u^2}+\frac{1+\alpha}{\sigma}X^2\frac{\partial}{\partial u^3}\\&+\frac{1+\alpha}{\sigma}X^1\frac{\partial}{\partial u^4}-\frac{1-\alpha}{2\sigma}X^1\frac{\partial}{\partial u^5}+\frac{1+2\alpha}{\sigma}X^2\frac{\partial}{\partial u^6}.\end{aligned}$$

于是 $X = X^i \dfrac{\partial}{\partial\theta^i} \in T_{(\theta^1,\theta^2)}S$ 的水平提升可以表示为

$$\begin{aligned}\widetilde{X}_u =& X^1\frac{\partial}{\partial u^1} + X^2\frac{\partial}{\partial u^2} + \frac{1+\alpha}{\sigma}X^2\frac{\partial}{\partial u^3}\\ &+ \frac{1+\alpha}{\sigma}X^1\frac{\partial}{\partial u^4} - \frac{1-\alpha}{2\sigma}X^1\frac{\partial}{\partial u^5} + \frac{1+2\alpha}{\sigma}X^2\frac{\partial}{\partial u^6}.\end{aligned}$$

特别地, 设 $X = \dfrac{\partial}{\partial\theta^1}$, $Y = \dfrac{\partial}{\partial\theta^2}$, 可以得到

$$\begin{aligned}\widetilde{X} =& \frac{\partial}{\partial u^1} + \frac{1+\alpha}{\sigma}\frac{\partial}{\partial u^4} - \frac{1-\alpha}{2\sigma}\frac{\partial}{\partial u^5},\\ \widetilde{Y} =& \frac{\partial}{\partial u^2} + \frac{1+\alpha}{\sigma}\frac{\partial}{\partial u^3} + \frac{1+2\alpha}{\sigma}\frac{\partial}{\partial u^6}.\end{aligned}$$

于是,

$$\begin{aligned}\nabla^{(\alpha)}_X X =& \nabla^{(\alpha)}_{\frac{\partial}{\partial\theta^1}}\frac{\partial}{\partial\theta^1} = \Gamma^{(\alpha)1}_{11}\frac{\partial}{\partial\theta^1} + \Gamma^{(\alpha)2}_{11}\frac{\partial}{\partial\theta^2} = \frac{1-\alpha}{2\sigma}\frac{\partial}{\partial\theta^2},\\ \nabla^{(\alpha)}_X Y =& \nabla^{(\alpha)}_{\frac{\partial}{\partial\theta^1}}\frac{\partial}{\partial\theta^2} = \Gamma^{(\alpha)1}_{12}\frac{\partial}{\partial\theta^1} + \Gamma^{(\alpha)2}_{12}\frac{\partial}{\partial\theta^2} = -\frac{1+\alpha}{\sigma}\frac{\partial}{\partial\theta^1},\\ \nabla^{(\alpha)}_Y Y =& \nabla^{(\alpha)}_{\frac{\partial}{\partial\theta^2}}\frac{\partial}{\partial\theta^2} = \Gamma^{(\alpha)1}_{22}\frac{\partial}{\partial\theta^1} + \Gamma^{(\alpha)2}_{22}\frac{\partial}{\partial\theta^2} = -\frac{1+2\alpha}{\sigma}\frac{\partial}{\partial\theta^2}.\end{aligned}$$

另一方面, 考虑

$$\gamma_1(t) := \left(u^1 + t, u^2, 1, 0 + \frac{1+\alpha}{\sigma}t, 0 - \frac{1-\alpha}{2\sigma}t, 1\right),$$

以及

$$\gamma_2(t) := \left(u^1, u^2 + t, 1 + \frac{1+\alpha}{\sigma}t, 0, 0, 1 + \frac{1+2\alpha}{\sigma}t\right).$$

很明显

$$\gamma_1(0) = \gamma_2(0) = u, \quad \gamma_1'(0) = \widetilde{X}, \quad \gamma_2' = \widetilde{Y},$$

$$\begin{aligned}u\left(\widetilde{X}_u\left(\theta\left(\widetilde{X}\right)\right)\right) &= u\left(\left.\frac{\mathrm{d}}{\mathrm{d}t}\right|_{t=0}\theta\left(\widetilde{X}\right)\circ\gamma_1\right) = \nabla^{(\alpha)}_X X,\\ u\left(\widetilde{X}_u\left(\theta\left(\widetilde{Y}\right)\right)\right) &= u\left(\left.\frac{\mathrm{d}}{\mathrm{d}t}\right|_{t=0}\theta\left(\widetilde{X}\right)\circ\gamma_1\right) = \nabla^{(\alpha)}_X Y,\\ u\left(\widetilde{Y}_u\left(\theta\left(\widetilde{Y}\right)\right)\right) &= u\left(\left.\frac{\mathrm{d}}{\mathrm{d}t}\right|_{t=0}\theta\left(\widetilde{X}\right)\circ\gamma_2\right) = \nabla^{(\alpha)}_Y Y.\end{aligned}$$

于是, 可以得到

$$g\left(u\left(\Omega^{(\alpha)}\left(\widetilde{X},\widetilde{Y}\right)u^{-1}(Y)\right), Y\right) = \frac{1-\alpha^2}{\sigma^4} = R^{(\alpha)}_{1212},$$

由此可知一元正态分布流形的高斯曲率是 $-\dfrac{1}{2}$.

这些结果充分地利用了 $GL(n,\mathbb{R})$ 是矩阵李群, 其右移动以及切映射都是线性的这一性质.

7.2 统计流形的李群结构

本节介绍李群理论在信息几何理论中的描述, 最早由 Amari 和他的合作者给出了基本定理[43]. 这里我们给出定理的详细证明, 并且给出例子[31]. 期望李群理论能够更加广泛地应用于信息几何的理论中.

定义7.20 对于统计流形 $S=\{p(x;\theta)\mid\theta\in\Theta\}$, 假设参数空间 Θ 构成李群并以参数 $\theta=(\theta^i)$ 作为它的局部坐标系. 用 $(\theta,\theta')\mapsto\theta\cdot\theta'$ 表示群运算, 用 e 表示单位元. 假设 Θ 从左边作用于随机变量 x 所在的样本空间 χ, 用 $\theta\circ x$ 表示 θ 在 x 上的作用. 如果对于所有的 $\theta,\theta'\in\Theta$, S 上的概率密度函数满足

$$p(x;\theta')\,\mathrm{d}x=p(\theta\circ x;\theta\cdot\theta')\,\mathrm{d}(\theta\circ x)$$

或者等价地, 对任意测度集 $A\subset\chi$ 都有

$$\int_A p(x;\theta')\,\mathrm{d}x=\int_{\theta\circ A}p(x;\theta\cdot\theta')\,\mathrm{d}x,$$

称 S 为带有李群结构 Θ 的变换模型.

引理7.12 我们有

$$p(x;\theta)=p(k(\theta,x);e)\left|\frac{\partial k(\theta,x)}{\partial x}\right|,$$

其中

$$k(\theta,x):=\theta^{-1}\circ x.$$

证明 直接计算可得

$$\begin{aligned}p(x;\theta)\,\mathrm{d}x&=p\left(\theta^{-1}\circ x;\theta^{-1}\cdot\theta\right)\mathrm{d}\left(\theta^{-1}\circ x\right)\\&=p\left(\theta^{-1}\circ x;e\right)\left|\frac{\partial(\theta^{-1}\circ x)}{\partial x}\right|\mathrm{d}x,\end{aligned}$$

因此

$$p(x;\theta)=p\left(\theta^{-1}\circ x;e\right)\left|\frac{\partial(\theta^{-1}\circ x)}{\partial x}\right|$$
$$=p(k(\theta,x);e)\left|\frac{\partial k(\theta,x)}{\partial x}\right|. \qquad \square$$

由此可知, 概率密度函数的一般形式完全由其在单位元处的形式和李群的结构决定.

定理7.13　Fisher 度量和联络系数分别满足

$$g_{ij}(\theta)=B_i^l(\theta)B_j^m(\theta)g_{lm}(e),$$

$$\Gamma_{ijk}^{(\alpha)}(\theta)=B_i^l(\theta)B_j^m(\theta)B_k^s(\theta)\Gamma_{lms}^{(\alpha)}(e)+C_{ij}^l(\theta)B_k^m(\theta)g_{lm}(e),$$

其中

$$B_i^l(\theta)=\left.\frac{\partial(\theta^{-1}\cdot\theta')^l}{\partial\theta'^i}\right|_{\theta'=\theta}=\left.\frac{\partial(\theta'\cdot\theta)^l}{\partial\theta^i}\right|_{\theta'=\theta^{-1}},$$

$$C_{ij}^l(\theta)=\left.\frac{\partial^2(\theta^{-1}\cdot\theta')^l}{\partial\theta'^i\partial\theta'^j}\right|_{\theta'=\theta}=\left.\frac{\partial^2(\theta'\cdot\theta)^l}{\partial\theta^i\partial\theta^j}\right|_{\theta'=\theta^{-1}}.$$

也就是说, g 和 $\nabla^{(\alpha)}$ 在群 Θ 上的左作用下是不变的.

证明　对于任意的 $\theta'\in\Theta$, 有

$$\begin{aligned}
g_{ij}(\theta)=&E_\theta\left[\partial_i l_\theta\partial_j l_\theta\right]\\
=&\int_\chi p(x;\theta)\frac{\partial\log p(x;\theta)}{\partial\theta^i}\frac{\partial\log p(x;\theta)}{\partial\theta^j}\mathrm{d}x\\
=&\int_\chi p(\theta'\circ x;\theta'\cdot\theta)\left|\frac{\partial(\theta'\circ x)}{\partial x}\right|\frac{\partial\log\left(p(\theta'\circ x;\theta'\cdot\theta)\left|\frac{\partial(\theta'\circ x)}{\partial x}\right|\right)}{\partial\theta^i}\\
&\times\frac{\partial\log\left(p(\theta'\circ x;\theta'\cdot\theta)\left|\frac{\partial(\theta'\circ x)}{\partial x}\right|\right)}{\partial\theta^j}\mathrm{d}x\\
=&\int_{\theta'\circ\chi}p(\theta'\circ x;\theta'\cdot\theta)\frac{\partial\log(p(\theta'\circ x;\theta'\cdot\theta))}{\partial\theta^i}\frac{\partial\log(p(\theta'\circ x;\theta'\cdot\theta))}{\partial\theta^j}\mathrm{d}(\theta'\circ x)\\
=&\int_{\theta'\circ\chi}p(\theta'\circ x;\theta'\cdot\theta)\frac{\partial\log(p(\theta'\circ x;\theta'\cdot\theta))}{\partial(\theta'\cdot\theta)^m}\frac{\partial(\theta'\cdot\theta)^m}{\partial\theta^i}\\
&\times\frac{\partial\log(p(\theta'\circ x;\theta'\cdot\theta))}{\partial(\theta'\cdot\theta)^l}\frac{\partial(\theta'\cdot\theta)^l}{\partial\theta^j}\mathrm{d}(\theta'\circ x)
\end{aligned}$$

$$
\begin{aligned}
&=\frac{\partial(\theta'\cdot\theta)^m}{\partial\theta^i}\frac{\partial(\theta'\cdot\theta)^l}{\partial\theta^j}\int_{\theta'\circ\chi}p(\theta'\circ x;\theta'\cdot\theta)\frac{\partial\log(p(\theta'\circ x;\theta'\cdot\theta))}{\partial(\theta'\cdot\theta)^m}\\
&\quad\times\frac{\partial\log(p(\theta'\circ x;\theta'\cdot\theta))}{\partial(\theta'\cdot\theta)^l}\mathrm{d}(\theta'\circ x)\\
&=\frac{\partial(\theta'\cdot\theta)^m}{\partial\theta^i}\frac{\partial(\theta'\cdot\theta)^l}{\partial\theta^j}g_{ml}(\theta'\cdot\theta)
\end{aligned}
$$

和

$$
\begin{aligned}
\Gamma_{ijk}^{(\alpha)}(\theta)=&E_\theta\left[\left(\partial_i\partial_j l_\theta+\frac{1-\alpha}{2}\partial_i l_\theta\partial_j l_\theta\right)\partial_k l_\theta\right]\\
=&\int_\chi p(x;\theta)\left[\frac{\partial^2\log p(x;\theta)}{\partial\theta^i\partial\theta^j}+\frac{1-\alpha}{2}\frac{\partial\log p(x;\theta)}{\theta^i}\frac{\partial\log p(x;\theta)}{\theta^j}\right]\frac{\partial\log p(x;\theta)}{\theta^k}\mathrm{d}x\\
=&\int_\chi p(\theta'\circ x;\theta'\cdot\theta)\left|\frac{\partial(\theta'\circ x)}{\partial x}\right|\left[\frac{\partial^2\log\left(p(\theta'\circ x;\theta'\cdot\theta)\left|\frac{\partial(\theta'\circ x)}{\partial x}\right|\right)}{\partial\theta^i\partial\theta^j}\right.\\
&\left.+\frac{1-\alpha}{2}\frac{\partial\log\left(p(\theta'\circ x;\theta'\cdot\theta)\left|\frac{\partial(\theta'\circ x)}{\partial x}\right|\right)}{\partial\theta^i}\frac{\partial\log\left(p(\theta'\circ x;\theta'\cdot\theta)\left|\frac{\partial(\theta'\circ x)}{\partial x}\right|\right)}{\partial\theta^j}\right]\\
&\times\frac{\partial\log\left(p(\theta'\circ x;\theta'\cdot\theta)\left|\frac{\partial(\theta'\circ x)}{\partial x}\right|\right)}{\partial\theta^k}\mathrm{d}x\\
=&\int_{\theta'\circ\chi}p(\theta'\circ x;\theta'\cdot\theta)\left[\frac{\partial^2\log p(\theta'\circ x;\theta'\cdot\theta)}{\partial\theta^i\partial\theta^j}+\frac{1-\alpha}{2}\right.\\
&\left.\times\frac{\partial\log p(\theta'\circ x;\theta'\cdot\theta)}{\partial\theta^i}\frac{\partial\log p(\theta'\circ x;\theta'\cdot\theta)}{\partial\theta^j}\right]\times\frac{\partial\log p(\theta'\circ x;\theta'\cdot\theta)}{\partial\theta^k}\mathrm{d}(\theta'\circ x)\\
=&\int_{\theta'\circ\chi}p(\theta'\circ x;\theta'\cdot\theta)\left[\frac{\partial^2\log p(\theta'\circ x;\theta'\cdot\theta)}{\partial(\theta'\cdot\theta)^m\partial(\theta'\cdot\theta)^l}\frac{\partial(\theta'\cdot\theta)^m}{\partial\theta^i}\frac{\partial(\theta'\cdot\theta)^l}{\partial\theta^j}\right.\\
&+\frac{\partial\log p(\theta'\circ x;\theta'\cdot\theta)}{\partial(\theta'\cdot\theta)^m}\frac{\partial^2(\theta'\cdot\theta)^m}{\partial\theta^i\partial\theta^j}\\
&\left.+\frac{1-\alpha}{2}\frac{\partial\log p(\theta'\circ x;\theta'\cdot\theta)}{\partial(\theta'\cdot\theta)^m}\frac{\partial(\theta'\cdot\theta)^m}{\partial\theta^i}\cdot\frac{\partial\log p(\theta'\circ x;\theta'\cdot\theta)}{\partial(\theta'\cdot\theta)^l}\frac{\partial(\theta'\cdot\theta)^l}{\partial\theta^j}\right]\\
&\times\frac{\partial\log p(\theta'\circ x;\theta'\cdot\theta)}{\partial(\theta'\cdot\theta)^s}\frac{\partial(\theta'\cdot\theta)^s}{\partial\theta^k}\mathrm{d}(\theta'\circ x)\\
=&\int_{\theta'\circ\chi}p(\theta'\circ x;\theta'\cdot\theta)\left[\frac{\partial^2\log p(\theta'\circ x;\theta'\cdot\theta)}{\partial(\theta'\cdot\theta)^m\partial(\theta'\cdot\theta)^l}\frac{\partial(\theta'\cdot\theta)^m}{\partial\theta^i}\frac{\partial(\theta'\cdot\theta)^l}{\partial\theta^j}\right.\\
&\left.+\frac{1-\alpha}{2}\frac{\partial\log p(\theta'\circ x;\theta'\cdot\theta)}{\partial(\theta'\cdot\theta)^m}\frac{\partial(\theta'\cdot\theta)^m}{\partial\theta^i}\frac{\partial\log p(\theta'\circ x;\theta'\cdot\theta)}{\partial(\theta'\cdot\theta)^l}\frac{\partial(\theta'\cdot\theta)^l}{\partial\theta^j}\right]
\end{aligned}
$$

$$
\begin{aligned}
&\times \frac{\partial \log p(\theta' \circ x; \theta' \cdot \theta)}{\partial(\theta' \cdot \theta)^s} \frac{\partial(\theta' \cdot \theta)^s}{\partial \theta^k} \mathrm{d}(\theta' \circ x) \\
&+ \int_{\theta' \circ \chi} p(\theta' \circ x; \theta' \cdot \theta) \frac{\partial \log p(\theta' \circ x; \theta' \cdot \theta)}{\partial(\theta' \cdot \theta)^m} \frac{\partial^2(\theta' \cdot \theta)^m}{\partial \theta^i \partial \theta^j} \\
&\times \frac{\partial \log p(\theta' \circ x; \theta' \cdot \theta)}{\partial(\theta' \cdot \theta)^s} \frac{\partial(\theta' \cdot \theta)^s}{\partial \theta^k} \mathrm{d}(\theta' \circ x) \\
=& \int_{\theta' \circ \chi} p(\theta' \circ x; \theta' \cdot \theta) \left[\frac{\partial^2 \log p(\theta' \circ x; \theta' \cdot \theta)}{\partial(\theta' \cdot \theta)^m \partial(\theta' \cdot \theta)^l} \frac{\partial(\theta' \cdot \theta)^m}{\partial \theta^i} \frac{\partial(\theta' \cdot \theta)^l}{\partial \theta^j} \right. \\
&+ \frac{\partial \log p(\theta' \circ x; \theta' \cdot \theta)}{\partial(\theta' \cdot \theta)^m} \frac{\partial^2(\theta' \cdot \theta)^m}{\partial \theta^i \partial \theta^j} \\
&\left. + \frac{1-\alpha}{2} \frac{\partial \log p(\theta' \circ x; \theta' \cdot \theta)}{\partial(\theta' \cdot \theta)^m} \frac{\partial(\theta' \cdot \theta)^m}{\partial \theta^i} \frac{\partial \log p(\theta' \circ x; \theta' \cdot \theta)}{\partial(\theta' \cdot \theta)^l} \frac{\partial(\theta' \cdot \theta)^l}{\partial \theta^j} \right] \\
&\times \frac{\partial \log p(\theta' \circ x; \theta' \cdot \theta)}{\partial(\theta' \cdot \theta)^s} \frac{\partial(\theta' \cdot \theta)^s}{\partial \theta^k} \mathrm{d}(\theta' \circ x) \\
=& \frac{\partial(\theta' \cdot \theta)^m}{\partial \theta^i} \frac{\partial(\theta' \cdot \theta)^l}{\partial \theta^j} \frac{\partial(\theta' \cdot \theta)^s}{\partial \theta^k} \int_{\theta' \circ \chi} p(\theta' \circ x; \theta' \cdot \theta) \left[\frac{\partial^2 \log p(\theta' \circ x; \theta' \cdot \theta)}{\partial(\theta' \cdot \theta)^m \partial(\theta' \cdot \theta)^l} \right. \\
&\left. + \frac{1-\alpha}{2} \frac{\partial \log p(\theta' \circ x; \theta' \cdot \theta)}{\partial(\theta' \cdot \theta)^m} \frac{\partial \log p(\theta' \circ x; \theta' \cdot \theta)}{\partial(\theta' \cdot \theta)^l} \right] \times \frac{\partial \log p(\theta' \circ x; \theta' \cdot \theta)}{\partial(\theta' \cdot \theta)^s} \mathrm{d}(\theta' \circ x) \\
&+ \frac{\partial^2(\theta' \cdot \theta)^m}{\partial \theta^i \partial \theta^j} \frac{\partial(\theta' \cdot \theta)^s}{\partial \theta^k} \int_{\theta' \circ \chi} p(\theta' \circ x; \theta' \cdot \theta) \frac{\partial \log p(\theta' \circ x; \theta' \cdot \theta)}{\partial(\theta' \cdot \theta)^m} \\
&\times \frac{\partial \log p(\theta' \circ x; \theta' \cdot \theta)}{\partial(\theta' \cdot \theta)^s} \mathrm{d}(\theta' \circ x) \\
=& \frac{\partial(\theta' \cdot \theta)^m}{\partial \theta^i} \frac{\partial(\theta' \cdot \theta)^l}{\partial \theta^j} \frac{\partial(\theta' \cdot \theta)^s}{\partial \theta^k} \Gamma^{(\alpha)}_{mls}(\theta' \cdot \theta) + \frac{\partial^2(\theta' \cdot \theta)^m}{\partial \theta^i \partial \theta^j} \frac{\partial(\theta' \cdot \theta)^s}{\partial \theta^k} g_{ms}(\theta' \cdot \theta).
\end{aligned}
$$

特别地, 取 $\theta' = \theta^{-1}$, 定理得证. □

例7.2 (指数分布) 指数分布流形定义为

$$
\{p(x; \lambda) \mid \lambda \in \mathbb{R}_+\},
$$

其中

$$
p(x; \lambda) = \begin{cases} \dfrac{1}{\lambda} \exp\left\{-\dfrac{x}{\lambda}\right\}, & x > 0, \\ 0, & x \leqslant 0. \end{cases}
$$

随机变量为 $x \in \chi$, 并取坐标系 $\theta = \lambda \in \Theta = \mathbb{R}_+$. 此时, 李群 Θ 在 χ 上的作用为

$$
\lambda \circ x := \lambda x, \quad k(x, \theta) = \theta^{-1}(x) = \frac{1}{\lambda} x.
$$

李群 Θ 上的群运算为

$$\lambda_1 \cdot \lambda_2 := \lambda_1 \lambda_2,$$

$$\lambda^{-1} = \frac{1}{\lambda},$$

其单位元为 $e = 1$. 简单计算可得黎曼度量与联络系数

$$g_{11}(e) = E\left[(\partial_1 \log p)^2\right]|_{\lambda=1} = 1,$$

$$\Gamma_{111}^{(\alpha)}(e) = E[\partial_1\partial_1 \log p]|_{\lambda=1} + \tfrac{1-\alpha}{2} E\left[(\partial_1 \log p)^3\right]|_{\lambda=1} = -1-\alpha.$$

考虑李群结构, 有

$$\begin{aligned} B_1^1(\theta) &= \left.\frac{\partial(\theta^{-1}\cdot\theta')^1}{\partial\theta'^1}\right|_{\theta'=\theta} \\ &= \left.\frac{\partial(\theta'\cdot\theta)^1}{\partial\theta^1}\right|_{\theta'=\theta^{-1}} \\ &= \frac{1}{\lambda} \end{aligned}$$

和

$$\begin{aligned} C_{11}^1(\theta) &= \left.\frac{\partial^2(\theta^{-1}\cdot\theta')^1}{\partial\theta'^1\partial\theta'^1}\right|_{\theta'=\theta} \\ &= \left.\frac{\partial^2(\theta'\cdot\theta)^1}{\partial\theta^1\partial\theta^1}\right|_{\theta'=\theta^{-1}} \\ &= 0. \end{aligned}$$

因此, 可以很简单地得到黎曼度量和联络系数的一般形式

$$g_{11}(\theta) = B_1^1(\theta)B_1^1(\theta)g_{11}(e) = \frac{1}{\lambda^2},$$

$$\Gamma_{111}^{(\alpha)}(\theta) = B_1^l(\theta)B_1^1(\theta)B_1^1(\theta)\Gamma_{111}^{(\alpha)}(e) + C_{11}^1(\theta)B_1^1(\theta)g_{11}(e) = -\frac{1+\alpha}{\lambda^3}.$$

例7.3 对于一元正态分布流形

$$\left\{p(x,\mu,\sigma) = \frac{1}{\sqrt{2\pi}\sigma}\exp\left\{-\frac{(x-\mu)^2}{2\sigma^2}\right\} \;\middle|\; \mu\in\mathbb{R}, \sigma\in\mathbb{R}_+\right\},$$

其局部坐标系为 $\theta = (\theta^1, \theta^2) = (\mu, \sigma) \in \Theta$, $x \in \chi = \mathbb{R}$. 考虑 χ 上的仿射变换

$$\theta \circ x := \sigma x + \mu, \quad k(\theta, x) = \theta^{-1}x = \frac{x-\mu}{\sigma}.$$

李群 Θ 上的群运算为

$$
\begin{aligned}
&(\mu_1, \sigma_1) \cdot (\mu_2, \sigma_2) := (\mu_1 + \mu_2\sigma_1, \sigma_1\sigma_2),\\
&(\mu, \sigma)^{-1} = \left(-\tfrac{\mu}{\sigma}, \tfrac{1}{\sigma}\right),
\end{aligned}
$$

单位元是 $e = (0, 1)$. 其矩阵表示为

$$
(\mu, \sigma) \mapsto \begin{pmatrix} \sigma & \mu \\ 0 & 1 \end{pmatrix}.
$$

类似地, 通过计算可以得到单位元处的黎曼度量和联络系数分别为

$$
(g_{ij})(e) = \begin{pmatrix} 1 & 0 \\ 0 & 2 \end{pmatrix}
$$

和

$$
\begin{cases}
\Gamma_{111}^{(\alpha)}(e) = \Gamma_{122}^{(\alpha)}(e) = \Gamma_{212}^{(\alpha)}(e) = \Gamma_{221}^{(\alpha)}(e) = 0,\\
\Gamma_{112}^{(\alpha)}(e) = 1 - \alpha,\\
\Gamma_{121}^{(\alpha)}(e) = \Gamma_{211}^{(\alpha)}(e) = -(1 + \alpha),\\
\Gamma_{222}^{(\alpha)}(e) = -(2 + 4\alpha).
\end{cases}
$$

考虑李群 Θ 的结构, 可以得到

$$
\begin{aligned}
&\left(B_i^l\right)(\theta) = \begin{pmatrix} \dfrac{1}{\sigma} & 0 \\ 0 & \dfrac{1}{\sigma} \end{pmatrix},\\
&C_{ij}^k(\theta) = 0.
\end{aligned}
$$

利用定理 7.13, 可以得到一般的黎曼度量和联络系数. 它们分别为

$$
(g_{ij})(\theta) = \begin{pmatrix} \dfrac{1}{\sigma^2} & 0 \\ 0 & \dfrac{2}{\sigma^2} \end{pmatrix}
$$

和

$$
\begin{cases}
\Gamma_{111}^{(\alpha)}(\theta) = \Gamma_{122}^{(\alpha)}(\theta) = \Gamma_{212}^{(\alpha)}(\theta) = \Gamma_{221}^{(\alpha)}(\theta) = 0,\\
\Gamma_{112}^{(\alpha)}(\theta) = \dfrac{1 - \alpha}{\sigma^3},\\
\Gamma_{121}^{(\alpha)}(\theta) = \Gamma_{211}^{(\alpha)}(\theta) = -\dfrac{1 + \alpha}{\sigma^3},\\
\Gamma_{222}^{(\alpha)}(\theta) = -\dfrac{2 + 4\alpha}{\sigma^3}.
\end{cases}
$$

既然 $\Theta \subset GL(2,\mathbb{R})$ 为矩阵李群, 考虑其李代数 $\mathfrak{g}$. 对于任意的 $t \in \mathbb{R}$, 有 $\exp(tX) \in \Theta$. 因为

$$X = \left.\frac{\mathrm{d}}{\mathrm{d}t}\right|_{t=0} \exp(tX),$$

其中 $\exp(tX)$ 可以表示为

$$\begin{pmatrix} \sigma(t) & \mu(t) \\ 0 & 1 \end{pmatrix}.$$

因此, X 具有形式

$$\begin{pmatrix} a & b \\ 0 & 0 \end{pmatrix},$$

其中 $a, b \in \mathbb{R}$. 反之, 如果 $X = \begin{pmatrix} a & b \\ 0 & 0 \end{pmatrix}$, 则 $\exp(tX) = \begin{pmatrix} \exp(a) & * \\ 0 & 1 \end{pmatrix} \in \Theta$. 因此, Θ 的李代数为

$$\mathfrak{g} = \left\{ X = \begin{pmatrix} a & b \\ 0 & 0 \end{pmatrix} \;\middle|\; a, b \in \mathbb{R} \right\}.$$

在如下的基底下:

$$e_1 = \begin{pmatrix} 1 & 0 \\ 0 & 0 \end{pmatrix}, \quad e_2 = \begin{pmatrix} 0 & 1 \\ 0 & 0 \end{pmatrix},$$

其结构常数为

$$\begin{cases} C_{12}^1 = C_{21}^1 = 0, \\ C_{12}^2 = 1, \\ C_{21}^2 = -1. \end{cases}$$

例7.4 (独立的二元正态分布) 二元正态分布流形定义为

$$M^5 = \{p(x_1, x_2; \mu_1, \mu_2, \sigma_1, \sigma_{12}, \sigma_2) \mid \mu_1, \mu_2 \in \mathbb{R}, P \in SPD(2)\},$$

其中

$$P = \begin{pmatrix} \sigma_1^2 & \sigma_{12} \\ \sigma_{12} & \sigma_2^2 \end{pmatrix}.$$

概率密度函数为

$$p(x_1,x_2;\mu_1,\mu_2,\sigma_1,\sigma_{12},\sigma_2)=\frac{1}{2\pi\sqrt{\Delta}}\exp\left\{-\frac{\sigma_2^2(x_1-\mu_1)^2}{2\Delta}+\frac{2\sigma_{12}(x_1-\mu_1)(x_2-\mu_2)}{2\Delta}-\frac{\sigma_1^2(x_2-\mu_2)^2}{2\Delta}\right\},$$

其中

$$\Delta=\sigma_1^2\sigma_2^2-\sigma_{12}^2.$$

该流形的参数空间不是李群, 但是下面的子流形的参数空间是一个李群

$$M_I^5:=\left\{p(x_1,x_2;\mu_1,\mu_2,\sigma_1,\sigma_{12},\sigma_2)\in M^5 \mid \sigma_{12}=0\right\}.$$

此时的概率密度函数为

$$p(x_1,x_2;\mu_1,\mu_2,\sigma_1,\sigma_2)=\frac{1}{2\pi\sigma_1\sigma_2}\exp\left\{-\frac{1}{2}\left(\frac{(x_1-\mu_1)^2}{\sigma_1^2}+\frac{(x_2-\mu_2)^2}{\sigma_2^2}\right)\right\},$$

其中自然坐标系为

$$\theta=(\mu_1,\sigma_1,\mu_2,\sigma_2).$$

相应的参数空间为 $\Theta_I=\mathbb{R}\times\mathbb{R}_+\times\mathbb{R}\times\mathbb{R}_+$. 在 Θ_I 上可以定义如下的群运算

$$(\mu_1,\sigma_1,\mu_2,\sigma_2)\cdot(\mu_1',\sigma_1',\mu_2',\sigma_2')=(\mu_1+\mu_1'\sigma_1,\sigma_1\sigma_1',\mu_2+\mu_2'\sigma_2,\sigma_2\sigma_2').$$

此时 Θ_I 为李群. 李群 Θ_I 在 $\chi=\mathbb{R}^2$ 上的作用定义为

$$(\mu_1,\sigma_1,\mu_2,\sigma_2)\circ(x_1,x_2):=(\sigma_1x_1+\mu_1,\sigma_2x_2+\mu_2).$$

所以,

$$\begin{aligned}p(\theta\circ x;\theta\cdot\theta')=&\frac{1}{2\pi\sigma_1\sigma_1'\sigma_2\sigma_2'}\exp\left\{-\frac{1}{2}\left(\frac{(\sigma_1x_1+\mu_1-\mu_1-\mu_1'\sigma_1)^2}{\sigma_1^2\sigma_1'^2}\right.\right.\\&\left.\left.+\frac{(\sigma_2x_2+\mu_2-\mu_2-\mu_2'\sigma_2)^2}{\sigma_2^2\sigma_2'^2}\right)\right\}\\=&\frac{1}{2\pi\sigma_1\sigma_1'\sigma_2\sigma_2'}\exp\left\{-\frac{1}{2}\left(\frac{(x_1-\mu_1')^2}{\sigma_1'^2}+\frac{(x_2-\mu_2')^2}{\sigma_2'^2}\right)\right\}.\end{aligned}$$

因此,

$$p(\theta\circ x;\theta\cdot\theta')\,\mathrm{d}(\theta\circ x)=\frac{1}{2\pi\sigma_1\sigma_1'\sigma_2\sigma_2'}\exp\left\{-\frac{1}{2}\left(\frac{(x_1-\mu_1')^2}{\sigma_1'^2}+\frac{(x_2-\mu_2')^2}{\sigma_2'^2}\right)\right\}\sigma_1\sigma_1'\,\mathrm{d}x$$
$$=\frac{1}{2\pi\sigma_1'\sigma_2'}\exp\left\{-\frac{1}{2}\left(\frac{(x_1-\mu_1')^2}{\sigma_1'^2}+\frac{(x_2-\mu_2')^2}{\sigma_2'^2}\right)\right\}\mathrm{d}x$$
$$=p(x;\theta')\,\mathrm{d}x.$$

也就是说, M_I^5 是带有李群结构 Θ_I 的变换模型.

因为 $\sigma_{12}=0$, x_1 以及 x_2 是独立的, 则 $E[x_1x_2]=E[x_1]E[x_2]$. 因此其几何量可以由例 7.3 中关于一元正态分布的结论直接得到, 在此不详细展开.

统计变换模型的构造

下面给出两种从已知的带有李群结构的变换模型构造新的变换模型的方法.

命题7.14 设 $S=\{p(x;\xi)\mid\xi\in\Theta\}$ 为一个变换模型, 李群 Θ 上的群运算为 $\cdot$, Θ 在 χ 上的作用记为 $\circ$. 设 $S_0=\{p(x;\xi)\mid\xi\in\Theta_0\subset\Theta\}$, 其中 Θ_0 为 Θ 的李子群, 则 S_0 为带有李群 Θ_0 的变换模型, 称为 S 的子变换模型.

证明 李群 Θ_0 在 $\chi\ni x$ 上的作用形式上与 Θ 在 χ 上的作用一致, 因此对于任意的 $\theta,\theta'\in\Theta_0, x\in\chi$, 有

$$p(x;\theta')\,\mathrm{d}x=p(\theta\circ x;\theta\cdot\theta')\,\mathrm{d}(\theta\circ x).$$

因此, S_0 也是变换模型. □

命题7.15 假设 (S_1,Θ_1) 和 (S_2,Θ_2) 是两个变换模型, 则 $(S=S_1\times S_2,\Theta=\Theta_1\times\Theta_2)$ 也是变换模型, 称为变换模型的直积.

证明 因为 (S_1,Θ_1) 和 (S_2,Θ_2) 都是变换模型, 则 $\Theta=\Theta_1\times\Theta_2$ 也是李群, 其群运算为

$$(\theta_1,\theta_2)\cdot(\theta_1',\theta_2')=(\theta_1\cdot\theta_1',\theta_2\cdot\theta_2').$$

假设 S_1, S_2 分别对应样本空间 χ_1 和 χ_2, 则流形 S 可以定义为

$$S=\{p(x;\theta)=p_1(x_1;\theta_1)p_2(x_2;\theta_2)\mid\theta=(\theta_1,\theta_2)\in\Theta)\}.$$

S 对应于样本空间 $\chi_1\times\chi_2$. 李群 Θ 在 χ 上的作用定义为

$$(\theta_1,\theta_2)\circ(x_1,x_2):=(\theta_1\circ x_1,\theta_2\circ x_2).$$

此时, 有

$$\begin{aligned}p(x;\theta')\,\mathrm{d}x_1\,\mathrm{d}x_2&=p_1(x_1;\theta_1')p_2(x_2;\theta_2')\,\mathrm{d}x_1\,\mathrm{d}x_2\\&=p_1(\theta_1\circ x_1;\theta_1\cdot\theta_1')\,\mathrm{d}(\theta_2\circ x_2)p_2(\theta_2\circ x_2;\theta_2\cdot\theta_2')\,\mathrm{d}(\theta_2\circ x_2)\\&=p(\theta\circ x;\theta\cdot\theta')\,\mathrm{d}(\theta\circ x).\end{aligned}$$

因此 S 是带有李群结构 Θ 的变换模型. □

例7.5 考虑一元正态分布流形的直积 $M^2\times M^2$. 于是, 有

$$M^2\times M^2=\left\{p(x;\theta)\mid\theta=(\theta_1,\theta_2)\in\Theta^2\right\},$$

其中 $\theta_1=(\mu_1,\sigma_1)$, $\theta_2=(\mu_2,\sigma_2)$, 李群为 $\Theta^2=\mathbb{R}\times\mathbb{R}_+\times\mathbb{R}\times\mathbb{R}_+$. 直积流形对应的概率密度函数为

$$\begin{aligned}p(x;\theta)&=p(x_1;\theta_1)p(x_2;\theta_2)\\&=\frac{1}{\sqrt{2\pi}\sigma_1}\exp\left\{-\frac{(x_1-\mu_1)^2}{2\sigma_1^2}\right\}\frac{1}{\sqrt{2\pi}\sigma_2}\exp\left\{-\frac{(x_2-\mu_2)^2}{2\sigma_2^2}\right\}\\&=\frac{1}{2\pi\sigma_1\sigma_2}\exp\left\{-\frac{1}{2}\left(\frac{(x_1-\mu_1)^2}{\sigma_1^2}+\frac{(x_2-\mu_2)^2}{\sigma_2^2}\right)\right\}.\end{aligned}$$

李群 Θ^2 上的群运算为

$$\begin{aligned}(\mu_1,\sigma_1,\mu_2,\sigma_2)\cdot(\mu_1',\sigma_1',\mu_2',\sigma_2')&=((\mu_1,\sigma_1),(\mu_2,\sigma_2))\cdot((\mu_1',\sigma_1'),(\mu_2',\sigma_2'))\\&=((\mu_1,\sigma_1)\cdot(\mu_1',\sigma_1'),(\mu_2,\sigma_2)\cdot(\mu_2',\sigma_2'))\\&=((\mu_1+\mu_1'\sigma_1,\sigma_1\sigma_1'),(\mu_2+\mu_2'\sigma_2,\sigma_2\sigma_2'))\\&=(\mu_1+\mu_1'\sigma_1,\sigma_1\sigma_1',\mu_2+\mu_2'\sigma_2,\sigma_2\sigma_2').\end{aligned}$$

李群 Θ^2 在 $\mathbb{R}^2$ 上的作用为

$$\begin{aligned}\theta\circ x&=(\theta_1,\theta_2)\circ(x_1,x_2)\\&=(\theta_1\circ x_1,\theta_2\circ x_2)\\&=((\mu_1,\sigma_1)\circ x_1,(\mu_2,\sigma_2)\circ x_2)\\&=(\sigma_1x_1+\mu_1,\sigma_2x_2+\mu_2).\end{aligned}$$

7.3 统计流形上的黎曼和乐群

在 1926 年, Cartan 引入了和乐群来研究对称空间的分类. 他利用和乐群分类了不可约对称空间[14, 15]. 作为平行移动的推广, 和乐群能够定义在任意的具有联络的向量丛上. 陈省身认为它在联络理论中发挥着重要的作用[16, 17]. 本节介绍统计流形的和乐群, 特别是正态分布流形上的和乐群, 给出了有趣的分类结果[30]. 本节涉及较深刻的数学理论, 有兴趣的读者可以参考所附的文献.

定义7.21 设 E 是光滑流形 M 上秩为 r 的向量丛, ∇ 是 E 上的联络. 给定分段光滑的闭路 $\gamma:[0,1]\to M$, 其基点是 $x\in M$. 用 P_γ 表示 ∇ 的平行移动, E_x 表示 x 上的纤维. 于是, $P_\gamma:E_x\to E_x$ 是可逆的线性变换, 所以是 $GL(E_x)\cong GL(r,\mathbb{R})$ 的元素. 在基点 x 处关于 ∇ 的和乐群定义为

$$H_x(\nabla):=\{P_\gamma\in GL(E_x)\mid\gamma\},$$

其中 γ 以 x 为基点. 基点为 x 的限制和乐群 (restricted holonomy group) 是它的李子群, 定义为

$$H_x^0(\nabla):=\{P_\gamma\in GL(E_x)\mid\gamma\},$$

其中 γ 是基点为 x 的可收缩的闭路.

命题7.16 如果 M 是连通的, 则在不同基点的和乐群在 $GL(r,\mathbb{R})$ 上是相互共轭的. 具体地, 如果 $x,y\in M$, γ 是连接 x 到与 y 的道路, 则

$$H_y(\nabla)=P_\gamma H_x(\nabla)P_\gamma^{-1}.$$

因此, 我们将省略基点, 用 $H(\nabla)$ 表示和乐群.

现在介绍黎曼和乐群.

定义7.22 黎曼流形 (M,g) 的和乐群是切丛 TM 上关于 Levi-Civita 联络 ∇ 的和乐群.

命题7.17 设 M 是 n 维黎曼流形, H 表示它的黎曼和乐群, 则

(1) H 是正交群 $O(n)$ 的李子群;

(2) 如果 M 可定向, 则 H 是特殊正交群 $SO(n)$ 的子群.

下面介绍黎曼和乐群的分类.

定理7.18 每个局部对称的黎曼流形局部等距于对称空间.

定理7.19 (de Rham 分解定理) 设 M 是完备、单连通的黎曼流形, 则它等距于 $\mathbb{R}^k \times M^1 \times M^2 \times \cdots \times M^m$, 其中 $k \geqslant 0$ 且每个 M^i 都是不可约、完备、单连通的黎曼流形. 如果忽略流形 $M^1, M^2, \cdots, M^m$ 的排列顺序, 维数 k 和流形 $M^1, M^2, \cdots, M^m$ 由 M 唯一决定.

推论7.5 设 $M = \mathbb{R}^k \times M^1 \times M^2 \times \cdots \times M^m$ 为 de Rham 分解, H 是 M 的和乐群, H_i 是 M^i 的和乐群, 则 $H \cong H_1 \times H_2 \times \cdots \times H_m$.

由 de Rham 分解可知, 单连通、不可约的对称空间是非常重要的. 对称空间的和乐群能够由它的因子的和乐群来导出. 所以, 我们只需要找出单连通、不可约的对称空间以及它们的和乐群.

事实上, 所有的单连通、不可约的对称空间 M 具有形式 $M \cong G/K$, 其中 G 是 M 上的等距变换群, K 是它的迷向子群. 共有三类这样的空间 (其中 κ 表示 M 的曲率):

(1) **欧几里得型** $\kappa = 0$, M 等距于欧几里得空间;

(2) **紧型** $\kappa \geqslant 0$(不恒为零);

(3) **非紧型** $\kappa \leqslant 0$(不恒为零).

对所有的情形有两大类:

A 类 G 是实的单李群;

B 类 G 或者是紧单李群与它本身的乘积 (紧型), 或者是这样的李群的复化 (非紧型).

所有这些类型被 Cartan 完全分类.

定理7.20 (Cartan) 七个无限序列和十二个独特的黎曼对称空间给出了所有的非紧型的黎曼对称空间.

余下的问题是分类非局部对称的、带有不可约和乐群的黎曼流形. 该问题被 Berger 和 Simons 解决.

定理7.21 (Berger) 单连通、不可约、非对称的黎曼流形的所有可能的和乐群的完全分类见表 7.1.

表 7.1 黎曼和乐群列表

和乐群 H	维数	流形类型	说明
$SO(n)$	n	定向流形	一般度量
$U(n)$	$2n$	Kähler 流形	Kähler
$SU(n)$	$2n$	Calabi-Yau 流形	Ricci-平坦, Kähler
$Sp(n)\cdot Sp(1)$	$4n$	四元数-Kähler 流形	爱因斯坦
$Sp(n)$	$4n$	超 Kähler 流形	Ricci-平坦, Kähler
G_2	7	G_2 流形	Ricci-平坦
$Spin(7)$	8	$Spin(7)$ 流形	Ricci-平坦

推论7.6 设 $\dim(M)=n$, H 是 M 的和乐群, 则

(1) 如果 n 是奇数而且 $n\neq 7$, 则 $H=SO(n)$;

(2) 如果 $n=7$, 则 $H=SO(7)$ 或 G_2;

(3) 如果 M 不是爱因斯坦流形而且 n 是偶数, 则 $H=SO(n)$ 或 $U\left(\frac{n}{2}\right)$.

现在介绍关于正态分布流形的和乐群.

定义7.23 n 维正态分布流形定义为

$$N^n := \left\{ p(x;\mu,\Sigma)=\frac{\exp\left\{-\frac{1}{2}(x-\mu)^{\mathrm{T}}\Sigma^{-1}(x-\mu)\right\}}{(2\pi)^{\frac{n}{2}}(\det\Sigma)^{\frac{1}{2}}} \,\middle|\, \mu\in\mathbb{R}^n, \Sigma\in SPD(n) \right\}.$$

注7.2 (1) 上面的维数 n 是正态分布的维数. 作为流形, 由下式不难计算其维数

$$\dim(N^n)=\dim(\mathbb{R}^n\times SPD(n))=n+\frac{n(n+1)}{2}=\frac{n(n+3)}{2}.$$

(2) Amari 证明了低维的正态分布流形可以嵌入到高维的流形中, 即如果 $n_1<n_2$, 则有 $N^{n_1}\subset N^{n_2}$. 这是因为低维的分布可以看作是高维分布的限制.

定理7.22 设 N^n 是 n 维的正态分布流形, g 是 Fisher 度量, $\nabla=\nabla^{(0)}$ 为 Levi-Civita 联络. 设 H_n 是黎曼和乐群, H_n^0 是限制黎曼和乐群, 则

$$H_n=H_n^0=SO\left(\frac{n(n+3)}{2}\right),\quad n\in\mathbb{N}.$$

下面先陈述几个引理.

引理7.23 N^n 是单连通的.

证明　作为拓扑空间 N^n 同胚于参数空间 $\mathbb{R}^n \times SPD(n) \subset \mathbb{R}^{\frac{n(n+3)}{2}}$. $\mathbb{R}^n$ 可缩表明其基本群为

$$\pi_1(\mathbb{R}^n) = 0.$$

由线性代数可得如果 $A, B \in SPD(n)$, 则

$$(1-t)A + tB \in SPD(n), \quad \forall t \in [0,1].$$

所以空间 $SPD(n)$ 是凸的, 也是可缩的. 特别地, $\pi_1(SPD(n)) = 0$. 由代数拓扑的理论有

$$\pi_1(N^n) \cong \pi_1(\mathbb{R}^n \times SPD(n)) \cong \pi_1(\mathbb{R}^n) \times \pi_1(SPD(n)) = 0. \qquad \square$$

引理7.24　N^1 等距于二维双曲空间 $H(2)$.

证明　由定义 7.23 知 N^1 是一元正态分布的流形

$$N^1 = \left\{ p(x;\mu,\sigma) = \frac{1}{\sqrt{2\pi}\sigma} \exp\left\{ -\frac{(x-\mu)^2}{2\sigma^2} \right\} \middle| \mu \in \mathbb{R}, \sigma \in \mathbb{R}_+ \right\}.$$

其高斯曲率为$\kappa = -\dfrac{1}{2}$. 因此, N^1 是一个带有负常曲率的完备、单连通的流形, 所以它等距于双曲空间 $H(2)$, 满足

$$\dim N^1 = \frac{1\,(1+3)}{2} = 2. \qquad \square$$

引理7.25　对所有的 $n \in \mathbb{Z}_+$, n 维双曲空间 $H(n)$ 是对称空间.

证明　考虑 $s = \begin{pmatrix} I_n & 0 \\ 0 & -1 \end{pmatrix} \in M(n+1, \mathbb{R})$, 其中 I_n 表示 $n \times n$ 单位矩阵, 定义 Lorentz 群

$$O(n,1) = \left\{ A \in GL(n+1, \mathbb{R}) \mid A^{\mathrm{T}} s A = s \right\}.$$

它是 $\mathbb{R}^{n+1}$ 上所有保持 Lorentz 内积的线性变换的集合, 满足

$$\langle x, y \rangle_L = \sum_{i=1}^{n} x^i y^i - x^{n+1} y^{n+1} = x^{\mathrm{T}} s y,$$

其中 $x=(x^1,x^2,\cdots,x^{n+1})$, $y=(y^1,y^2,\cdots,y^{n+1})\in\mathbb{R}^{n+1}$. 注意到 $O(n,1)$ 有 4 个分支, 其中包含 I 的分支为

$$G=\left\{A=(a_{ij})\in O(n,1)\mid \det A=1, a_{(n+1)(n+1)}\geqslant 1\right\},$$

它是连通的李群而且作用在 Lorentz 空间 $\mathbb{R}^{n+1}_L=(\mathbb{R}^{n+1},\langle\cdot,\cdot\rangle_L)$ 上, 并保持

$$H(n)=\left\{x=(x^1,x^2,\cdots,x^{n+1})\in\mathbb{R}^{n+1}\mid \langle x,x\rangle_L=-1,\ x^{n+1}>0\right\}$$

不变. Lorentz 内积可以诱导 $H(n)$ 的黎曼度量 g. 同时,

$$\sigma: G\rightarrow G,$$
$$A\longmapsto sAs$$

是 G 的对合自同构. 注意到不动点子群

$$\begin{aligned}K_\sigma&=\left\{A\in G\;\middle|\;\sigma(A)=A\right\}=G\cap O(n+1)\\&=\left\{A=\begin{pmatrix}B&0\\0&1\end{pmatrix}\;\middle|\;B\in SO(n)\right\}\cong SO(n).\end{aligned}$$

因此, K_σ 是紧、连通的李群. 这意味着 (G,K_σ,σ) 是黎曼对称对, $H(n)=G/K_\sigma$ 是黎曼对称空间. □

命题7.26 $H_1=SO(2)$.

引理7.27 N^n 不可约, $n\in\mathbb{Z}_+$.

引理7.28 N^n 不是对称的, $n\geqslant 2$.

证明 当 $n=2$ 时, 由定义有

$$\begin{aligned}N^2=\Bigg\{&p(x,y;\mu_1,\mu_2,\sigma_1,\sigma_2,\sigma_{12})=\frac{1}{2\pi\sqrt{\Delta}}e^{-AB}\;\Bigg|\;\mu,\mu_2\in\mathbb{R},\\&\sigma_1,\sigma_2\in\mathbb{R}_+,\sigma_{12}=\operatorname{cov}(x,y)\Bigg\},\end{aligned}$$

其中

$$A=\frac{1}{2(\sigma_2\sigma_2-\sigma_{12}^2)},\quad B=\sigma_2(x-\mu_1)^2-2\sigma_{12}(x-\mu_1)(y-\mu_2)+\sigma_1(y-\mu_2)^2,$$
$$\Delta=\sigma_1\sigma_2-\sigma_{12}^2.$$

它是 5 维流形, 而且关于指数分布族的坐标系是

$$\theta_1 = \frac{\mu_1\sigma_2 - \mu_2\sigma_{12}}{\Delta}, \quad \theta_2 = \frac{\mu_2\sigma_1 - \mu_1\sigma_{12}}{\Delta}, \quad \theta_3 = -\frac{\sigma_2}{2\Delta}, \quad \theta_4 = -\frac{\sigma_{12}}{\Delta}, \quad \theta_5 = -\frac{\sigma_1}{2\Delta}.$$

经计算, 得到 Fisher 度量矩阵

$$(g_{ij}) = \begin{pmatrix} \frac{\sigma_2}{\Delta} & -\frac{\sigma_{12}}{\Delta} & 0 & 0 & 0 \\ -\frac{\sigma_{12}}{\Delta} & \frac{\sigma_1}{\Delta} & 0 & 0 & 0 \\ 0 & 0 & \frac{\sigma_2^2}{2\Delta^2} & -\frac{\sigma_{12}\sigma_2}{\Delta^2} & \frac{\sigma_{12}^2}{2\Delta^2} \\ 0 & 0 & -\frac{\sigma_{12}\sigma_2}{\Delta^2} & \frac{\sigma_1\sigma_2 + \sigma_{12}^2}{\Delta^2} & -\frac{\sigma_1\sigma_{12}}{\Delta^2} \\ 0 & 0 & \frac{\sigma_{12}^2}{2\Delta^2} & -\frac{\sigma_1\sigma_{12}}{\Delta^2} & \frac{\sigma_1^2}{2\Delta^2} \end{pmatrix},$$

截面曲率

$$\kappa = \begin{pmatrix} 0 & \frac{1}{4} & -\frac{1}{2} & -\frac{\sigma_1\sigma_2 + 3\sigma_{12}^2}{4(\sigma_1\sigma_2 + \sigma_{12}^2)} & -\frac{\sigma_{12}^2}{2\sigma_1\sigma_2} \\ \frac{1}{4} & 0 & -\frac{\sigma_{12}^2}{2\sigma_1\sigma_2} & -\frac{\sigma_1\sigma_2 + 3\sigma_{12}^2}{4(\sigma_1\sigma_2 + \sigma_{12}^2)} & -\frac{1}{2} \\ -\frac{1}{2} & -\frac{\sigma_{12}^2}{2\sigma_1\sigma_2} & 0 & -\frac{1}{2} & -\frac{\sigma_{12}^2}{\sigma_1\sigma_2 + \sigma_{12}^2} \\ -\frac{\sigma_1\sigma_2 + 3\sigma_{12}^2}{4(\sigma_1\sigma_2 + \sigma_{12}^2)} & -\frac{\sigma_1\sigma_2 + 3\sigma_{12}^2}{4(\sigma_1\sigma_2 + \sigma_{12}^2)} & -\frac{1}{2} & 0 & -\frac{1}{2} \\ -\frac{\sigma_{12}^2}{2\sigma_1\sigma_2} & -\frac{1}{2} & -\frac{\sigma_{12}^2}{\sigma_1\sigma_2 + \sigma_{12}^2} & -\frac{1}{2} & 0 \end{pmatrix},$$

和 Ricci 曲率

$$\mathrm{Ric} = \begin{pmatrix} -\frac{\sigma_2}{2\Delta} & \frac{\sigma_{12}}{2\Delta} & 0 & 0 & 0 \\ \frac{\sigma_{12}}{2\Delta} & -\frac{\sigma_1}{2\Delta} & 0 & 0 & 0 \\ 0 & 0 & -\frac{\sigma_2^2}{2\Delta^2} & \frac{\sigma_2\sigma_{12}}{\Delta^2} & -\frac{3\sigma_{12}^2 - \sigma_1\sigma_2}{4\Delta^2} \\ 0 & 0 & \frac{\sigma_2\sigma_{12}}{\Delta^2} & -\frac{3\sigma_1\sigma_2 + \sigma_{12}^2}{2\Delta^2} & \frac{\sigma_1\sigma_{12}}{\Delta^2} \\ 0 & 0 & -\frac{3\sigma_{12}^2 - \sigma_1\sigma_2}{4\Delta^2} & \frac{\sigma_1\sigma_{12}}{\Delta^2} & -\frac{\sigma_1^2}{2\Delta^2} \end{pmatrix}.$$

因为 κ 既不是负的, 也不是正的, 当然更不是恒等于零, 所以 N^2 不是欧几里得型的、紧型的以及非紧型的, 所以不是对称空间.

一般地, 当 $n \geqslant 3$ 时, N^2 是 N^n 的子流形. 所以对所有的 $n \geqslant 2$, N^n 不是对称空间. □

推论7.7 H_n 一定属于下面 Berger 的列表 (表 7.2).

表 7.2 Berger 的列表

$SO\left(\frac{n(n+3)}{2}\right)$	$U\left(\frac{n(n+3)}{4}\right)$	$SU\left(\frac{n(n+3)}{4}\right)$	$Sp\left(\frac{n(n+3)}{8}\right)\cdot Sp(1)$	$Sp\left(\frac{n(n+3)}{8}\right)$	G_2	$Spin(7)$

证明 因为 N^n 是单连通、不可约和非对称的, 所以结论成立. □

引理7.29 H_n 既不是 G_2 也不是 $Spin(7)$.

证明 $\dim(N^n) = \dfrac{n(n+3)}{2} = 2, 5, 9, 14, 20, \cdots$. 然而 Berger 的列表意味着每一个以 G_2 或 $Spin(7)$ 为和乐群的流形一定是 7 维或 8 维的. 所以, H_n 既不是 G_2 也不是 $Spin(7)$. □

引理7.30 H_n 不是下面任何之一:

$$SU\left(\frac{n(n+3)}{4}\right), \quad Sp\left(\frac{n(n+3)}{8}\right)\cdot Sp(1), \quad Sp\left(\frac{n(n+3)}{8}\right).$$

证明 先考虑 N^2. 其 Fisher 度量和 Ricci 曲率分别满足

$$(g_{ij}) = \begin{pmatrix} \frac{\sigma_2}{\Delta} & -\frac{\sigma_{12}}{\Delta} & 0 & 0 & 0 \\ -\frac{\sigma_{12}}{\Delta} & \frac{\sigma_1}{\Delta} & 0 & 0 & 0 \\ 0 & 0 & \frac{\sigma_2^2}{2\Delta^2} & -\frac{\sigma_{12}\sigma_2}{\Delta^2} & \frac{\sigma_{12}^2}{2\Delta^2} \\ 0 & 0 & -\frac{\sigma_{12}\sigma_2}{\Delta^2} & \frac{\sigma_1\sigma_2+\sigma_{12}^2}{\Delta^2} & -\frac{\sigma_1\sigma_{12}}{\Delta^2} \\ 0 & 0 & \frac{\sigma_{12}^2}{2\Delta^2} & -\frac{\sigma_1\sigma_{12}}{\Delta^2} & \frac{\sigma_1^2}{2\Delta^2} \end{pmatrix},$$

$$
\mathrm{Ric}=\begin{pmatrix}
-\dfrac{\sigma_2}{2\Delta} & \dfrac{\sigma_{12}}{2\Delta} & 0 & 0 & 0\\
\dfrac{\sigma_{12}}{2\Delta} & -\dfrac{\sigma_1}{2\Delta} & 0 & 0 & 0\\
0 & 0 & -\dfrac{\sigma_2^2}{2\Delta^2} & \dfrac{\sigma_2\sigma_{12}}{\Delta^2} & -\dfrac{3\sigma_{12}^2-\sigma_1\sigma_2}{4\Delta^2}\\
0 & 0 & \dfrac{\sigma_2\sigma_{12}}{\Delta^2} & -\dfrac{3\sigma_1\sigma_2+\sigma_{12}^2}{2\Delta^2} & \dfrac{\sigma_1\sigma_{12}}{\Delta^2}\\
0 & 0 & -\dfrac{3\sigma_{12}^2-\sigma_1\sigma_2}{4\Delta^2} & \dfrac{\sigma_1\sigma_{12}}{\Delta^2} & -\dfrac{\sigma_1^2}{2\Delta^2}
\end{pmatrix}.
$$

由 Berger 的列表发现, 拥有和乐群 $SU\left(\dfrac{n(n+3)}{4}\right)$, $Sp\left(\dfrac{n(n+3)}{8}\right)\cdot Sp(1)$ 或 $Sp\left(\dfrac{n(n+3)}{8}\right)$ 的流形一定是爱因斯坦流形, 也就是说存在常数 k, 使得

$$
\mathrm{Ric}=kg.
$$

然而, 很明显, N^2 不是爱因斯坦流形. 以 N^2 为子流形, N^d 不是爱因斯坦流形意味着 H_n 不属于下面任意的一个群:

$$
SU\left(\frac{n(n+3)}{4}\right),\quad Sp\left(\frac{n(n+3)}{8}\right)\cdot Sp(1),\quad Sp\left(\frac{n(n+3)}{8}\right). \qquad \square
$$

引理7.31　N^n 不是 Kähler 流形, $n\in\mathbb{N}$.

证明　Takano 已经证明了只有当 $\alpha=\pm1$ 时, $(N^n,\nabla^{(\alpha)})$ 才容许一个近复结构 $J^{(\alpha)}$, 它平行于 α-联络 $\nabla^{(\alpha)}$[37, 38, 39, 40, 41]. 因为当且仅当 $\alpha=0$ 时 $\nabla^{(\alpha)}$ 才为 Levi-Civita 联络, 所以 N^n 不容许 Kähler 度量. $\square$

推论7.8　$H_n\neq U\left(\dfrac{n(n+3)}{4}\right)$.

基于前面的准备, 我们开始证明定理 7.22.

证明　当 $n=1$ 时, 前面已经证明了结论.

当 $n\geqslant 2$ 时, 我们已经得到列表, 除了 $SO\left(\dfrac{n(n+3)}{2}\right)$, 排除其他所有的情形. 因此, 我们的结论是

$$
H_n=H_n^0=SO\left(\frac{n(n+3)}{2}\right),\quad n\in\mathbb{N}.
$$

事实上, 上面关于正态分布流形的结论可以推广到一般的指数分布族流形.

指数分布族流形的和乐群

设 S 表示指数分布族流形, 其维数是 n. 用 H 表示它的和乐群.

引理7.32 S 不是 Kähler 流形.

推论7.9 H 不是下面任何之一

$$U\left(\frac{n}{2}\right),\quad SU\left(\frac{n}{2}\right),\quad Sp\left(\frac{n}{4}\right).$$

证明 前面的引理表明 H 不是 $U\left(\frac{n}{2}\right)$ 的子群. 注意到

$$Sp\left(\frac{n}{4}\right) < SU\left(\frac{n}{2}\right) < U\left(\frac{n}{2}\right),$$

所以 H 不是它们中的任何一个. □

定理7.33 如果 S 是单连通的、非对称的 n 维指数分布族流形, 它的和乐群 H 一定是下面的群之一 (表 7.3).

表 7.3

和乐群	维数
$SO(m)$	$n=m$
$Sp(m)\cdot Sp(1)$	$n=4m$
G_2	$n=7$
$Spin(7)$	$n=8$

推论7.10 设 S 是单连通、非对称的 n 维指数分布族流形, 则我们有

(1) 如果 $n\neq 7,8$, 则 H 是 $SO(n)$ 或者 $Sp(m)\cdot Sp(1)$, 其中 $n=4m$;

(2) 如果 $n=7$, 则 H 是 $SO(7)$ 或者是 G_2;

(3) 如果 n 为不等于 7 的奇数, 则 $H=SO(n)$;

(4) 如果 $n=2(2m+1)$, 则 $H=SO(n)$;

(5) 如果 $n=8$, 则 H 是 $SO(8)$, $Sp(2)\cdot Sp(1)$, $Spin(7)$ 之一;

(6) 如果 $n=4m$, 且 $m\neq 2$, 则 H 是 $SO(n)$ 或者 $Sp(m)\cdot Sp(1)$;

(7) 如果 S 不是爱因斯坦流形, 则 $H=SO(n)$.

证明　(1)–(6) 可以从前面的定理直接获得, 所以余下的就是证明 (7). 如果 H 是 G_2 或 $Spin(7)$ 的子流形, 则 Ricci 曲率一定恒等于零[8], 这意味着 S 是爱因斯坦流形, 与假设相矛盾, 所以结论得证. □

参 考 文 献

[1] Ambrose W, Singer I. A theorem on holonomy. Trans. Amer. Math. Soc., 1953, 75: 428–443.

[2] Ambrose W. Parallel translation of Riemannian curvature. Ann. Math., 1956, 64: 337–363.

[3] Arwini K, Dodson C T J. Information Geometry: Near Randomness and Near Independence. Berlin Heidelberg: Springer-Verlag, 2008.

[4] Berger M. Sur les groupes d'holonomie des variétés à connexion affine et les variétés riemanniennes. Bull. Soc. Math. France., 1955, 83: 181–192.

[5] Berger M. Riemannian Geometry during the Second Half of the Twentieth Century. Reprint of the 1998 original, University Lecture Series, 17, AMS, Providenve,Phode Isand, 2000.

[6] Berger M. A Panoramic View of Riemannian Geometry. Berlin: Springer, 2003.

[7] Besse A. Einstein Manifolds. Berlin: Springer, 1987.

[8] Bonan E. Sur les variétés riemanniennes à groupe d'holonomie G_2 ou $Spin(7)$. C. R. Acad. Sci. Paris., 1966, 261: 127–129.

[9] Bryant R. Metrics with holonomy G_2 or $Spin\,(7)$//Hirzebruch F, et al. Arbeitstagung Bonn 1984. Berlin Heidelber: Springer, 1985: 269–277.

[10] Bryant R. Metrics with exceptional holonomy. Ann. Math., 1987, 126: 525–576.

[11] Bryant R. A survey of Riemannian metrics with special holonomy groups//Proceedings of the International Congress of Mathematicians, Berkeley, 1986, 1: 505–514, AMS Publications, Providence RI, 1987.

[12] Bryant R, Harvery F. Some remarks on the geometry of manifolds with exceptional holonomy, preprint, 1994.

[13] Bryant R, Salamon S. On the construction of some complete metrics with exceptional holonomy. Duke Math. J., 1989, 58: 829–850.

[14] Cartan É. Les groupes d'holonomie des espaces généralisés et l'analysis situs. Assoc. Avanc. Sci., 49 session, Grenoble, 1925: 47–49.

[15] Cartan É. Sur une classe remarquable d'espaces de Riemann. Bull. Soc. Math. France., 1926, 54: 214–264.

[16] Chern S S. Differential geometry of fibre bundles. Proc. Int. Congress Math., Amer. Math. Soc., 1952, III: 397–411.

[17] Chern S S. A simple intrinsic proof of the Gauss-Bonnet formula for closed Riemannian manifolds. Ann. Math., 1944, 45: 747–752.

[18] Ehresmann C. Les connecxions infinitésimales dans un espace fibré différentiable. Séminaire Bourbaki, 1948, 1: 153–168.

[19] Fisher R. Theory of statistical estimations. Pro. Cam. Phil. Soc., 1952, 122: 700–725.

[20] Helgason S. Differential Geometry, Lie Groups and Symmetric Spaces. New York: Academic Press, 1978.

[21] Joyce D. Compact 8-manifolds with holonomy $Spin(7)$. Inventiones Mathematicae, 1996, 123: 507–552.

[22] Joyce D. Compact Riemannian 7-manifolds with holonomy G_2: Ⅰ, Ⅱ. J. Differ. Geom., 1996, 43: 291–375.

[23] Joyce D. Compact manifolds with exceptional holonomy//Andersen J E, et al. Geometry and Physics, volume 184 of Lecture notes in pure and applied mathematics, New York: Marcel Dekker, 1997: 245–252.

[24] Joyce D. Compact manifolds with exceptional holonomy//Proceedings of the International Congress of Mathematicians, Berlin, 1998, volume Ⅱ, 361-370, University of Bielefeld, Documenta Mathematica, 1998.

[25] Joyce D. A new construction of compact 8-manifolds with holonomy $Spin(7)$. arXiv: 9910002, 1999.

[26] Joyce D. Compact manifolds with exceptional holonomy//LeBrun C, et al. Essays on Einstein manifolds, volume V of Surveys in Differential Geometry, 39–66, International Press, 2000.

[27] Joyce D. Compact Manifolds with Special Holonomy. Oxford: Oxford University Press, 2000.

[28] Kobayashi S, Nomizu K. Foundations of Differential Geometry (volume 1,2). New

York: Interscience Publishers, 1963.

[29] Li D, Sun H, Tao C, et al. Principal bundles over statistical manifolds, arXiv:1403.4471, 2014.

[30] Li D, Sun H, Tao C, et al. Riemannian holonomy groups of statistical manifolds. arXiv:1401.5706, 2014.

[31] Li D, Sun H, Peng L. Statistical Lie groups, manuscript.

[32] Loos O. Symmetric Spaces (volume 1,2). New York: W. A. Benjamin Inc, 1969.

[33] Nomizu K. Lie Groups and Differential Geometry. Mathematical Society of Japan, 1956.

[34] Salamon S. Riemannian Geometry and Holonomy Groups. Harlow: Longman Scientific & Technical, 1989.

[35] Simons J. On transitivity on holonomy systems. Ann. Math., 1962, 76: 213–234.

[36] Spivak M. A Comprehensive Introduction to Differential Geometry, vol 2, vol 5. Houston: Publish or Perish. Inc, 1999.

[37] Takano K. Exponential families admitting almost complex structures. SUT J. Math. 2010, 46: 1–21.

[38] Takano K. Statistical manifolds with almost contact structures and its statistical submersions. Tensor. New Series, 2004, 65: 128–142.

[39] Takano K. Examples of the statistical submersions on the statistical model. Tensor. New Series, 2004, 65: 170–178.

[40] Takano K. Statistical manifolds with almost contact structures and its statistical submersions. J. Geom., 2006, 85: 171–187.

[41] Takano K. Statistical manifolds with almost contact structures and its statistical submersions. Tensor. New Series, 2004, 65: 128–142.

[42] Varadarajan V. Lie Groups, Lie Algebra, and Their Representations. Berlin: Springer, 1984.

[43] 甘利俊一, 長岡浩司. 情報幾何の方法. 东京: 岩波書店, 1993.

[44] 伍鸿熙. 黎曼几何选讲. 北京: 北京大学出版社, 1988.

第 8 章　矩阵信息几何的应用

在矩阵代数理论中，求解矩阵方程一直是热点研究之一. 众所周知，对于大多数矩阵方程要得到它们的解析解几乎是不可能完成的任务. 但矩阵方程在实际应用中，如控制理论等领域中又发挥着重要的作用，所以求解问题不可避免. 目前，更多学者关注矩阵方程的数值解[3, 2, 21]. 本章将要介绍几何方法在求解矩阵方程中的作用，并应用自然梯度算法以及广义 Hamilton 算法求解一些矩阵方程. 具体地，首先介绍黎曼流形上的广义 Hamilton 算法，其次在正定矩阵流形 $SPD(n)$ 上给出求解 Lyapunov 方程和代数 Riccati 方程等矩阵方程数值解的几何算法.

8.1　黎曼流形上的广义 Hamilton 算法

本节介绍黎曼流形上的广义 Hamilton 算法，并讨论其与自然梯度算法的关系.

经典的学习理论是在欧氏空间中的优化问题. 在欧氏空间上，用 $E(x)$ 表示学习过程中的误差函数，即

$$\begin{aligned} E : \mathbb{R}^n &\to \mathbb{R} \\ x &\mapsto E(x). \end{aligned}$$

欧氏空间中的最佳逼近是利用误差函数的欧氏梯度得到的，即

$$\frac{\mathrm{d}x}{\mathrm{d}t} = -\partial E(x), \tag{8.1}$$

其中 ∂E 表示误差函数 $E(x)$ 关于 x 的欧氏梯度[24].

事实上，在众多的机器学习过程中，若仅将最佳搜索空间定义在欧氏空间上是不足以满足研究问题需要的. 这时需要我们将搜索空间拓展到更一般的微分流形上，此时自然梯度算法取代了欧氏梯度算法，同时优化方程转变为

$$\frac{\mathrm{d}x}{\mathrm{d}t} = -\operatorname{grad} E(x), \tag{8.2}$$

其中 $\operatorname{grad} E(x)$ 表示 $E(x)$ 的自然梯度. 这时, 为确保由自然梯度得到的学习轨迹仍在这个黎曼流形上, 一般采用沿着测地线迭代的方法[15]. 但是方程 (8.2) 也有明显的不足, 比如一旦迭代到 $\operatorname{grad} E(x) = 0$ 的情形, 容易陷入局部极小点.

为了克服这一缺点, 需要对自然梯度算法进行推广. 一类源于现代力学体系的广义 Hamilton 算法被提出, 并得到了广泛的应用[1, 19, 7, 8].

在微分流形 M 上, 由 Hamilton 变分原理描述的保守系统为[11]

$$\delta \int_{t_1}^{t_2} (K_x(\dot{x}, \dot{x}) - V)\, \mathrm{d}t = 0, \tag{8.3}$$

其中 $x(t) \in M$ 表示有质量的粒子以瞬时速度 $\dot{x}(t) \in T_{x(t)}M$ 在流形 M 上滑动时的轨迹. $K_x : T_xM \times T_xM \to \mathbb{R}$ 表示粒子在某点 x 的动能函数. $V : M \to \mathbb{R}$ 表示势能场. $K_x - V$ 表示与粒子有关的拉格朗日函数.

方程 (8.3) 表明粒子最优轨迹使得全局运动稳定, 而且整个系统的能量守恒. 能量守恒公式为

$$K_x(\dot{x}, \dot{x}) + V = C,$$

其中 C 为常数.

在欧氏空间 $\mathbb{R}^n$ 中, 方程 (8.3) 可以推广到非保守系统 (广义 Hamilton 系统), 即

$$\delta \int_{t_1}^{t_2} L(x, v)\mathrm{d}t + \int_{t_1}^{t_2} f \cdot \delta x \mathrm{d}t = 0, \tag{8.4}$$

其中 L 表示系统的拉格朗日函数, v 表示瞬时速度, f 表示系统的非保守力, 符号 “·” 表示欧氏空间的内积. 与方程 (8.3) 比较可知, 广义 Hamilton 系统 (8.4) 多出一非保守 (耗散力) 项. 此时对应的方程为

$$\frac{\mathrm{d}}{\mathrm{d}t}\left(\frac{\partial L}{\partial v}\right) - \frac{\partial L}{\partial x} = f, \tag{8.5}$$

而且当 $f = 0$ 时, 方程 (8.5) 即为我们熟知的欧拉-拉格朗日方程[20].

在黎曼流形 M 上, 广义 Hamilton 系统 (8.4) 可推广为

$$\int_{t_1}^{t_2} \delta(K_x(\dot{x}, \dot{x}) - V)\mathrm{d}t + \int_{t_1}^{t_2} \langle f_x, \delta x \rangle_x \mathrm{d}t = 0, \tag{8.6}$$

其中, $f_x \in T_xM$ 表示耗散力场. $\langle \cdot, \cdot \rangle_x$ 表示在切空间 T_xM 上 x 点处的内积.

假设动力系统是有质量的, 即 $m \neq 0$, 方程 (8.6) 可以化为

$$\int_{t_1}^{t_2} \delta\left(\frac{1}{2} m g_{ij} \dot{x}^i \dot{x}^j - V\right) \mathrm{d}t + \int_{t_1}^{t_2} f_k \delta x^k \mathrm{d}t = 0, \tag{8.7}$$

通过分部积分, 方程 (8.7) 可以重写为

$$\int_{t_1}^{t_2} \varphi_k \delta x^k \mathrm{d}t = 0,$$

其中

$$\varphi_k := \frac{1}{2} m \frac{\partial g_{ij}}{\partial x^k} \dot{x}^i \dot{x}^j - m \frac{\mathrm{d}}{\mathrm{d}t}\left(g_{ik} \dot{x}^i\right) + f_k - \frac{\partial V}{\partial x^k}.$$

由于 $t \in (t_1, t_2)$, δx^k 可以取任意值, 则 $\varphi_k = 0$, 即

$$\frac{1}{2} m \frac{\partial g_{ij}}{\partial x^k} \dot{x}^i \dot{x}^j - m \frac{\partial g_{ik}}{\partial x^j} \dot{x}^i \dot{x}^j - m g_{ik} \ddot{x}^i + f_k - \frac{\partial V}{\partial x^k} = 0. \tag{8.8}$$

引入克氏符号 Γ_{ijk}, 方程 (8.8) 可写为

$$m g_{ik} \ddot{x}^i + m \Gamma_{ijk} \dot{x}^i \dot{x}^j + \frac{\partial V}{\partial x^k} - f_k = 0,$$

即

$$m \ddot{x}^h + m g^{hk} \Gamma_{ijk} \dot{x}^i \dot{x}^j + g^{hk}\left(\frac{\partial V}{\partial x^k} - f_k\right) = 0. \tag{8.9}$$

明显地, 方程 (8.9) 是一个二阶方程. 为了便于求解, 将方程 (8.9) 降阶为

$$\begin{cases} \dot{x} = \dfrac{1}{m} v, \\ \dot{v} = -m \Gamma_x(v, v) - \operatorname{grad} V(x) + f_x. \end{cases}$$

定义 $f_x = -\mu \dot{x}$, $\mu \geqslant 0$. 上述广义 Hamilton 系统方程最终表达为[9]

$$\begin{cases} \dot{x} = \dfrac{1}{m} v, \\ \dot{v} = -m \Gamma_x(v, v) - \operatorname{grad} V(x) - \mu v. \end{cases} \tag{8.10}$$

8.1.1　算法模拟实现

假定

$$\tilde{\mu} := \frac{\mu}{m}, \quad \tilde{V} := \frac{V}{m}, \quad \tilde{v} := \frac{v}{m},$$

我们会发现方程 (8.10) 中的 m 消失了. 所以不失一般性, 假设 $m=1$, 则 (8.10) 转化为

$$\begin{cases} \dot{x} = v, \\ \dot{v} = -\Gamma_x(v,v) - \operatorname{grad} V(x) - \mu v. \end{cases} \tag{8.11}$$

式 (8.11) 表示在切丛上的微分系统, 数值模拟的基本想法是用离散的变量 $x_k \in M, v_k \in T_{x_k}M$ 取代连续时间的变量 $x(t) \in M, v(t) \in T_{x(t)}M$, 其目的是确保状态变量在各自的空间上[12, 18]. 方程 (8.11) 的具体模拟算法为

$$\begin{cases} x_{k+1} = R_{x_k}(\eta v_k), \\ v_{k+1} = (1-\eta\mu)v_k - \eta\Gamma_{x_k}(v_k, v_k) - \eta \operatorname{grad} V(x_k), \end{cases}$$

其中, $k=0,1,2,\cdots$, $\eta>0$ 表示学习步长, μ 表示摩擦系数. 收缩映射 $R: TM \to M$ 可以任意选取, 一般取测地线.

8.1.2　广义 Hamilton 算法与自然梯度算法的关系

在黎曼流形 M 上, 定义目标函数 $V: M \to \mathbb{R}$. 利用自然梯度算法实现优化问题, 需要设定一个步长参数 $\varepsilon > 0$, 此时对应的自然梯度算法可以由式 (8.2) 得到, 即

$$\dot{x} = -\varepsilon \operatorname{grad} V(x). \tag{8.12}$$

为了探讨广义 Hamilton 算法与自然梯度算法的关系, 广义 Hamilton 系统方程 (8.10) 改写成如下形式:

$$m\ddot{x} + \mu\dot{x} + m\Gamma_x(\dot{x}, \dot{x}) = -\operatorname{grad} V(x). \tag{8.13}$$

对无质量的动力系统而言有 $m=0$, 方程 (8.13) 简化为

$$\dot{x} = -\frac{1}{\mu} \operatorname{grad} V(x).$$

只需取$\varepsilon = \dfrac{1}{\mu}$, 广义 Hamilton 算法恰好和自然梯度算法 (8.12) 吻合. 对于有质量的

动力系统, 广义 Hamilton 算法 (8.3) 中的 $m\ddot{x}+m\Gamma_x(\dot{x},\dot{x})$ 被称为动量项, 它包含了算法收敛速度方面的信息, 可以减弱算法在收敛过程中产生的震荡, 有效缓解高原现象. 总之, 相比自然梯度算法, 广义 Hamilton 算法提高了收敛速度.

虽然说广义 Hamilton 算法要比自然梯度算法的收敛速度快, 但也是有条件的[10]. 对于摩擦系数 μ, 需满足

$$\sqrt{2\lambda_{\max}} < \mu < 1/\eta, \tag{8.14}$$

其中 $\lambda_{\max}$ 表示目标函数 $V(x)$ 的黑塞矩阵的最大特征值. 在具体的模拟实验中, 除了满足式 (8.14), μ 依赖于初始值的选取. 最佳的参数 η 跟初始值有关系, 依靠模拟实验得到.

8.2 Lyapunov 方程数值解的几何算法

Lyapunov 方程对于分析线性常定控制系统的稳定性起着至关重要的作用, 由于很难给出方程的解析解, 方程的数值解备受关注[4, 5, 16]. 本节介绍如何将矩阵方程求解问题转化为流形上的优化问题, 进而, 借助于自然梯度算法, 以及广义 Hamilton 算法给出 Lyapunov 方程的数值解.

考虑线性常定系统

$$\dot{y} = Ay, \tag{8.15}$$

其中 $A \in \mathbb{R}^{n\times n}$. 为研究该线性常定系统的稳定性, 借助于 Lyapunov 稳定性定理, 若存在正定矩阵 P, 构造 Lyapunov 函数 V,

$$V(t) = y^{\mathrm{T}}Py,$$

可满足

$$\dot{V}(t) = \dot{y}^{\mathrm{T}}Py + y^{\mathrm{T}}P\dot{y} = y^{\mathrm{T}}A^{\mathrm{T}}Py + y^{\mathrm{T}}PAy = -y^{\mathrm{T}}Qy,$$

其中 Q 为正定矩阵, 则称线性常定系统 (8.15) 是稳定的. 进而, 可将线性系统稳定性问题用一个线性的矩阵方程来描述, 此方程即称为 Lyapunov 方程, 即, 若对于给定的正定矩阵 Q, 存在一个正定矩阵 P 满足以下 Lyapunov 方程

$$A^{\mathrm{T}}P + PA + Q = 0, \tag{8.16}$$

就称式 (8.15) 是稳定的. 等价地, 如果 A 的所有特征值有负实部, 那么系统 (8.15) 是稳定的. 进而, Lyapunov 方程 (8.16) 必存在解, 且为唯一正定解[13]. 遗憾的是, 我们得不到 Lyapunov 方程的解析解. 所以, 只能退而求其次考虑 Lyapunov 方程的数值解.

将求解 Lyapunov 方程问题转化为在正定矩阵流形 $SPD(n)$ 找点 P, 使得 $-(PA+A^{\mathrm{T}}P)$ 无限地逼近正定矩阵 Q 的优化问题.

因为可将 $-(A^{\mathrm{T}}P+PA)$ 和 Q 均看成是正定矩阵流形 $SPD(n)$ 上的点, 进而应用命题 4.24, 可用测地距离度量 $-(A^{\mathrm{T}}P+PA)$ 与 Q 之间的差异, 并将之作为目标函数

$$
\begin{aligned}
J_R(P) &= \frac{1}{2}d_R^2\left(Q, -\left(A^{\mathrm{T}}P+PA\right)\right)\\
&= \frac{1}{2}\left\|\log\left(Q^{-\frac{1}{2}}\left(-A^{\mathrm{T}}P-PA\right)Q^{-\frac{1}{2}}\right)\right\|_F^2\\
&= \frac{1}{2}\mathrm{tr}\left[\log^2\left(Q^{-\frac{1}{2}}\left(-A^{\mathrm{T}}P-PA\right)Q^{-\frac{1}{2}}\right)\right],
\end{aligned}
\tag{8.17}
$$

其中 $\|H\|_F=\mathrm{tr}\left(H^{\mathrm{T}}H\right)$ 表示欧氏范数.

利用正定矩阵流形上的自然梯度公式 (4.11), 经计算, 可得 $-(A^{\mathrm{T}}P+PA)$ 与 Q 之间测地距离 $J_R(P)$ 的自然梯度为

$$
\begin{aligned}
\mathrm{grad}\, J_R(P) = &-P\left\{\left(A^{\mathrm{T}}P+PA\right)^{-1}\log\left(Q^{-1}\left(-A^{\mathrm{T}}P-PA\right)\right)A^{\mathrm{T}}\right.\\
&\left.+A\left(A^{\mathrm{T}}P+PA\right)^{-1}\log\left(Q^{-1}\left(-A^{\mathrm{T}}P-PA\right)\right)\right\}P.
\end{aligned}
$$

进而, 借助于正定矩阵流形上测地线方程 (4.12), 可以直接用自然梯度给出 Lyapunov 方程数值解的迭代公式为

$$
P_{k+1}=P_k^{\frac{1}{2}}\exp\left(-\eta P_k^{-\frac{1}{2}}\,\mathrm{grad}\, J_R(P_k)P_k^{-\frac{1}{2}}\right)P_k^{\frac{1}{2}},
$$

其中 $\eta>0$ 表示学习步长.

用广义 Hamilton 算法求得 Lyapunov 方程数值解的迭代公式如下

$$
\begin{cases}
P_{k+1} = P_k^{\frac{1}{2}} \exp\left(\eta P_k^{-\frac{1}{2}} v_k P_k^{-\frac{1}{2}}\right) P_k^{\frac{1}{2}}, \\
a_k := \left(A^{\mathrm{T}} P_k + P_k A\right)^{-1} \log\left[Q^{-1}\left(-A^{\mathrm{T}} P_k - P_k A\right)\right], \\
b_k := -P_k\left(aA^{\mathrm{T}} + Aa_k\right) P_k, \\
v_{k+1} = \eta\left(v_k P_k^{-1} v_k - b_k\right) + (1-\eta\mu) v_k,
\end{cases}
\tag{8.18}
$$

其中 $\eta > 0$ 表示学习步长, 常数 μ 表示摩擦系数.

基于以上的讨论, 给出方程 (8.16) 数值解的广义 Hamilton 算法的具体实现步骤.

算法8.1 (广义 Hamilton 算法) *Lyapunov 方程数值解的广义 Hamilton 算法可描述为*

(1) 选取适当的 P_0, v_0 分别作为所求正定矩阵 P 及其方向的初始值, 然后选择一个目标精度 $\varepsilon > 0$;

(2) 由式 (8.17), 计算 $J_R(P_k)$;

(3) 若 $J_R(P_k) < \varepsilon$ 算法停止. 否则, 进入 (4);

(4) 由式 (8.18) 更新 P 和 v, 然后返回 (2).

注8.1 *当 $J_R(P_k) < \varepsilon$ 时, 对应的 P_k 即为方程 (8.16) 的数值解.*

类似地, 可以将所得到的结果推广到更一般的线性矩阵方程的情形. 设线性矩阵方程

$$
B = P + \sum_{i=1}^{n} A_i^{\mathrm{T}} P A_i, \tag{8.19}
$$

其中 $A_i,\ i = 1, 2, \cdots, n$ 为任意的 $n \times n$ 实矩阵, n 为非负整数. 若 A_i 和 B 满足

$$
B > \sum_{i=1}^{n} A_i^{\mathrm{T}} B A_i,
$$

则方程 (8.19) 有唯一正定解. 在正定矩阵流形上, 由命题 4.24, 可得 $P+\sum_{i=1}^{n}A_i^{\mathrm{T}}PA_i$ 与 B 之间的测地距离

$$\begin{aligned}J_R(P)=&d_R^2\left(B,P+\sum_{i=1}^{n}A_i^{\mathrm{T}}PA_i\right)\\=&\left\|\log\left(B^{-\frac{1}{2}}\left(P+\sum_{i=1}^{n}A_i^{\mathrm{T}}PA_i\right)B^{-\frac{1}{2}}\right)\right\|_F^2\\=&\mathrm{tr}\left[\log^2\left(B^{-\frac{1}{2}}\left(P+\sum_{i=1}^{n}A_i^{\mathrm{T}}PA_i\right)B^{-\frac{1}{2}}\right)\right],\end{aligned}$$

将之作为目标函数, 进而由式 (4.11) 可得相应的自然梯度[6]

$$\begin{aligned}\mathrm{grad}\,J_R(P)=&P\left\{2\left(P+\sum_{i=1}^{m}A_i^{\mathrm{T}}PA_i\right)^{-1}\log\left[B^{-1}\left(P+\sum_{i=1}^{m}A_i^{\mathrm{T}}PA_i\right)\right]\right.\\&+\sum_{i=1}^{m}2A_i\left(P+\sum_{j=1}^{m}A_j^{\mathrm{T}}PA_j\right)^{-1}\\&\left.\times\log\left[B^{-1}\left(P+\sum_{j=1}^{m}A_j^{\mathrm{T}}PA_j\right)\right]A_i^{\mathrm{T}}\right\}P.\end{aligned}$$

由正定矩阵流形上测地线方程 (4.12), 可得基于自然梯度的迭代公式为

$$P_{k+1}=P_k^{\frac{1}{2}}\exp\left(-\eta P_k^{-\frac{1}{2}}\,\mathrm{grad}\,J_R(P_k)P_k^{-\frac{1}{2}}\right)P_k^{\frac{1}{2}}.$$

借助于广义 Hamilton 算法, 可以得到线性矩阵方程数值解的迭代公式

$$\begin{cases}P_{k+1}=P_k^{\frac{1}{2}}\exp\left(\eta P_k^{-\frac{1}{2}}v_kP_k^{-\frac{1}{2}}\right)P_k^{\frac{1}{2}},\\ a_k:=-P_k\Big\{2\left(P_k+\sum_{i=1}^{m}A_i^{\mathrm{T}}P_kA_i\right)^{-1}\log\left(B^{-1}\left(P_k+\sum_{i=1}^{m}A_i^{\mathrm{T}}P_kA_i\right)\right)\\ \qquad+\sum_{i=1}^{m}2A_i\left(P_k+\sum_{j=1}^{m}A_j^{\mathrm{T}}P_kA_j\right)^{-1}\\ \qquad\cdot\log\left(B^{-1}\left(P_k+\sum_{j=1}^{m}A_j^{\mathrm{T}}P_kA_j\right)\right)A_i^{\mathrm{T}}\Big\}P_k,\\ v_{k+1}=\eta\left(v_kP_k^{-1}v_k-a_k\right)+(1-\eta\mu)v_k,\end{cases}\tag{8.20}$$

其中 $\eta > 0$ 代表算法的步长, 常数 μ 表示摩擦系数.

基于以上的讨论, 给出方程 (8.19) 数值解的广义 Hamilton 算法的具体实现步骤.

算法8.2 (广义 Hamilton 算法) 一般线性矩阵方程数值解的广义 Hamilton 算法为

(1) 选取适当的 P_0, v_0 分别作为所求正定矩阵 P 及其方向 v 的初始值, 然后选择一个目标精度 $\varepsilon > 0$;

(2) 计算 $J_R(P_k) = \left\|\log\left(B^{-1}\left(P_k + \sum_{i=1}^{m} A_i^{\mathrm{T}} P_k A_i\right)\right)\right\|_F^2$;

(3) 若 $J_R(P_k) < \varepsilon$ 算法停止. 否则, 进入 (4);

(4) 由式 (8.20) 更新 P 和 v, 然后返回 (2).

注8.2 当 $J_R(P_k) < \varepsilon$ 时, 对应的 P_k 即为方程 (8.19) 的数值解.

8.3 代数 Riccati 方程数值解的几何算法

代数 Riccati 方程主要应用于控制系统中的最优控制、鲁棒控制等领域[22, 23]. 本节将介绍求解代数 Riccati 方程数值解的广义 Hamilton 算法.

设线性常定系统的状态方程为

$$\dot{x}(t) = Ax(t) + Bu(t), \quad x(t_0) = x_0, \tag{8.21}$$

其中 $x(t) \in \mathbb{R}^n$ 表示状态向量, $u(t) \in \mathbb{R}^m$ 表示控制向量, 矩阵 A 与 B 是维数适当的常定矩阵, 并且终端时刻 $t_f = \infty$. 那么, 问题是如何确定最优控制 $u^*(t)$, 使得系统的二次型性能指标

$$J = \frac{1}{2}\int_0^{\infty} \left[x^{\mathrm{T}}(t)Qx(t) + u^{\mathrm{T}}(t)Ru(t)\right] \mathrm{d}t \tag{8.22}$$

取极小值, 其中 Q, R 为适当维数的常定正定矩阵. 可以证明, 当系统 (8.21) 完全能控时, 指标 (8.22) 的最优控制 $u^*(t)$ 存在唯一[14], 即

$$u^*(t) = -R^{-1}B^{\mathrm{T}}Px(t), \tag{8.23}$$

其中 P 为 $n \times n$ 正定矩阵, 满足下面的代数 Riccati 矩阵方程

$$PA + A^{\mathrm{T}}P - PBR^{-1}B^{\mathrm{T}}P + Q = 0. \tag{8.24}$$

为了得到线性系统 (8.21) 的最优控制 (8.23), 需求解矩阵方程 (8.24). 借助于几何的方法, 可以将求解矩阵方程的问题转化为在正定矩阵流形 $SPD(n)$ 上求正定矩阵 P, 使得 $-(A^{\mathrm{T}}P + PA - PBR^{-1}B^{\mathrm{T}}P)$ 和事先指定的正定矩阵 Q 尽可能接近的最优化问题.

在流形 $SPD(n)$ 上, 借助于命题 4.24 的结论, 可得 $-(A^{\mathrm{T}}P+PA-PBR^{-1}B^{\mathrm{T}}P)$ 和 Q 之间的测地距离

$$\begin{aligned}
J_R(P) &= \frac{1}{2}d_R^2\left(Q, PBR^{-1}B^{\mathrm{T}}P - PA - A^{\mathrm{T}}P\right)\\
&= \frac{1}{2}\left\|\log\left(Q^{-\frac{1}{2}}\left(PBR^{-1}B^{\mathrm{T}}P - PA - A^{\mathrm{T}}P\right)Q^{-\frac{1}{2}}\right)\right\|_F^2\\
&= \frac{1}{2}\mathrm{tr}\left\{\log^2\left[Q^{-\frac{1}{2}}\left(PBR^{-1}B^{\mathrm{T}}P - PA - A^{\mathrm{T}}P\right)Q^{-\frac{1}{2}}\right]\right\},
\end{aligned} \tag{8.25}$$

并将之作为目标函数. 进而由正定矩阵流形上的自然梯度公式 (4.11), 可得到矩阵 Q 和 $-(A^{\mathrm{T}}P + PA - PBR^{-1}B^{\mathrm{T}}P)$ 之间的测地距离的自然梯度为

$$\begin{aligned}
\mathrm{grad}J_R(P) = P\Big\{&(PBR^{-1}B^{\mathrm{T}}P - PA - A^{\mathrm{T}}P)^{-1}\\
&\times\log\left[Q^{-1}(PBR^{-1}B^{\mathrm{T}}P - PA - A^{\mathrm{T}}P)\right]\\
&\times\left(PBR^{-1}B^{\mathrm{T}} - A^{\mathrm{T}}\right)\\
&-\left(BR^{-1}B^{\mathrm{T}}P + A\right)\left(PBR^{-1}B^{\mathrm{T}}P - PA - A^{\mathrm{T}}P\right)^{-1}\\
&\times\log\left[Q^{-1}\left(PBR^{-1}B^{\mathrm{T}}P - PA - A^{\mathrm{T}}P\right)\right]\Big\}P.
\end{aligned}$$

由 $SPD(n)$ 上的测地线方程 (4.12), 可得基于自然梯度的迭代公式为

$$P_{k+1} = P_k^{\frac{1}{2}}\exp\left(-\eta P_k^{-\frac{1}{2}}\,\mathrm{grad}\,J_R(P_k)P_k^{-\frac{1}{2}}\right)P_k^{\frac{1}{2}}.$$

借助于广义 Hamilton 算法, 可以得到代数 Riccati 方程的数值解的迭代公式

$$\begin{cases} P_{k+1} = P_k^{\frac{1}{2}} \exp\left(\eta P_k^{-\frac{1}{2}} v_k P_k^{-\frac{1}{2}}\right) P_k^{\frac{1}{2}}, \\ a_k := \left(P_k B R^{-1} B^{\mathrm{T}} P_k - P_k A - A^{\mathrm{T}} P_k\right)^{-1} \\ \qquad \times \log\left[Q^{-1}\left(P_k B R^{-1} B^{\mathrm{T}} P_k - P_k A - A^{\mathrm{T}} P_k\right)\right], \\ b_k := P_k\left\{a_k\left(P_k B R^{-1} B^{\mathrm{T}} - A^{\mathrm{T}}\right) - \left(B R^{-1} B^{\mathrm{T}} P_k - A\right) a_k\right\} P_k, \\ v_{k+1} = \eta\left(v_k P_k^{-1} v_k - b_k\right) + (1 - \eta\mu) v_k, \end{cases} \tag{8.26}$$

其中 $\eta > 0$ 表示学习步长, 常数 μ 表示摩擦系数.

基于以上的讨论, 给出方程 (8.24) 数值解的广义 Hamilton 算法的具体实现步骤[17].

算法8.3 (广义 Hamilton 算法) *代数 Riccati 方程数值解的广义 Hamilton 算法为*

(1) 选取适当的 P_0, v_0 分别作为所求正定矩阵 P 及其方向的初始值, 然后选择一个目标精度 $\varepsilon > 0$;

(2) 由式 (8.25), 计算 $J_R(P_k)$;

(3) 如果 $J_R(P_k) < \varepsilon$ 算法停止. 否则, 进入 (4);

(4) 由式 (8.26) 更新 P 和 v, 然后返回 (2).

注8.3 当 $J_R(P_k) < \varepsilon$ 时, 对应的 P_k 即为方程 (8.24) 的数值解.

相关算法的数值模拟结果可参见参考文献 [4], [5], [6], [16], [17].

参 考 文 献

[1] Aluffi P F, Parisi V, Zirilli F. Global optimization and stochastic differential equations. J. Optim. Theory Appl., 1985, 47: 1–16.

[2] Anderson B, Moore J B. Optimal Control: Linear Quadratic Methods. Upper Saddle River: Prentice Hall, 1990.

[3] Anderson W N, Morley T D, Trapp G E. Ladder networks, fixpoints, and the geometric mean. Circ. Syst. Signal Pr., 1983, 2: 259–268.

[4] Duan X, Sun H, Peng L, et al. A natural gradient descent algorithm for the solution of discrete algebraic Lyapunov equations based on the geodesic distance. Appl. Math. Comput., 2013, 219: 9899–9905.

[5] Duan X, Sun H, Zhang Z. A natural gradient algorithm for the solution of Lyapunov equations based on the geodesic distance. J. Comput. Math., 2014, 32: 93–106.

[6] Duan X, Sun H, Zhao X. Riemannian gradient algorithm for the numerical solution of linear matrix equations. Journal of Applied Mathematics, 2014, Article ID 507175.

[7] Fiori S. A theory for learning based on rigid bodies dynamics. IEEE Trans. Neural Netw., 2002, 13: 521–531.

[8] Fiori S. Unsupervised neural learning on lie group. Int. J. Neural Syst., 2002, 12: 219–246.

[9] Fiori S. Extended Hamiltonian learning on Riemannian manifolds: theoretical aspects. IEEE Trans. Neural Netw., 2011, 22: 687–700.

[10] Fiori S. Extended Hamiltonian learning on Riemannian manifolds: numerical aspects. IEEE Trans. Neural Netw. Learn. Syst., 2012, 23: 7–21.

[11] Gelfand I M, Fomin S V. Calculus of Variations. New York: Dover Publications, 2000.

[12] Hairer E, Lubich C, Wanner G. Geometric Numerical Integration: Structure-Preserving Algorithms for Ordinary Differential Equations. Berlin Heidelberg: Springer-Verlag: 2006.

[13] Jbilou K. ADI preconditioned Krylov methods for large Lyapunov matrix equations. Linear Algebra Appl., 2010, 432: 2473–2485.

[14] Kalman R E. Contributions to the theory of optimal control. Bol. Soc. Mat. Mex., 1960, 5: 102–119.

[15] Luenberger D G. The gradient projection method along geodesics. Manage. Sci., 1972, 18: 620–631.

[16] Luo Z, Sun H. Extended Hamiltonian algorithm for the solution of discrete algebraic Lyapunov equations. Appl. Math. Comput., 2014, 234: 245–252.

[17] Luo Z, Sun H, Duan X. The extended Hamiltonian algorithm for the solution of the algebraic Riccati equation. Journal of Applied Mathematics, 2014, Article ID 693659.

[18] Munthe K H. High order Runge-Kutta methods on manifolds. Appl. Numer. Math., 1999, 29: 115–127.

[19] Qian N. On the momentum term in gradient descent learning algorithms. Neural Networks, 1999, 12: 145–151.

[20] Sadkane M. Estimates from the discrete-time Lyapunov equation. Appl. Math. Lett.,

2003, 16: 313–316.

[21] Zemanian A H. Nonuniform semi-infinite grounded grids. SIAM J. Math. Anal., 1982, 13: 770–788.

[22] Zheng D Z. Optimization of linear-quadratic regulator systems in the presence of parameter perturbations. IEEE Trans. Automat. Contr., 1986, 31: 667–670.

[23] Zhou K, Doyle J C, Glover K. Robust and Optimal: Control. Upper Saddle River Prentice Hall, 1996.

[24] Zurada J M. Introduction to Artificial Neural Systems. St. Paul: West Group, 1992.

索　引

第 5 章

第 6 章

第 7 章

第 8 章